SHENQIDEYUZHOU

## 神奇的宇宙

# 寻找开启天文世界的敲门砖

张法坤 ◎ 编著

中国出版集团
现代出版社

图书在版编目（CIP）数据

寻找开启天文世界的敲门砖 / 张法坤编著 . —北京：现代出版社，2012.12

（神奇的宇宙）

ISBN 978-7-5143-0932-4

Ⅰ.①寻… Ⅱ.①张… Ⅲ.①天文学-青年读物②天文学-少年读物 Ⅳ.①P1-49

中国版本图书馆 CIP 数据核字（2012）第 275007 号

## 寻找开启天文世界的敲门砖

| 编　　著 | 张法坤 |
|---|---|
| 责任编辑 | 刘　刚 |
| 出版发行 | 现代出版社 |
| 地　　址 | 北京市安定门外安华里 504 号 |
| 邮政编码 | 100011 |
| 电　　话 | 010-64267325　010-64245264（兼传真）|
| 网　　址 | www.xdcbs.com |
| 电子信箱 | xiandai@cnpitc.com.cn |
| 印　　刷 | 固安县云鼎印刷有限公司 |
| 开　　本 | 710mm×1000mm　1/16 |
| 印　　张 | 12 |
| 版　　次 | 2013 年 1 月第 1 版　2021 年 3 月第 3 次印刷 |
| 书　　号 | ISBN 978-7-5143-0932-4 |
| 定　　价 | 36.00 元 |

版权所有，翻印必究；未经许可，不得转载

# 前 言

仰望天际，浮想联翩，是人类的最常见的行为。2 000 多年前，我国的大诗人屈原仰望天际提出了发人深思的 173 个问题；500 多年前，波兰伟大的天文学家哥白尼仰望天际提出了惊天动地的"日心说"；200 多年前，德国大哲学家康德低头凝思构建哲学体系，仰望天际提出了影响巨大的星云学说。

天文学就在人类的一次次仰望天际中慢慢形成的。远古时代，人们为了指示方向、确定时间和季节，而对太阳、月亮和星星进行观察，确定它们的位置、找出它们变化的规律，并据此编制历法，指导自己的生活和生产。

千百年来，经过无数天文学家的观测与探索，现在我们可以把宇宙中的天体分为这样几个层次：太阳系天体，包括太阳、行星、行星的卫星、小行星、彗星、流星体及行星际介质等。银河系中的各类恒星和恒星集团，包括变星、双星、聚星、星团、星云和星际介质。河外星系，是位于我们银河系之外，与银河系相似的庞大的恒星系统，以及由星系组成的更大的天体集团，如双星系、多重星系、星系团、超星系团等。此外还有分布在星系与星系之间的星系际介质。

面对浩渺宇宙，每个人都会心驰神往，思绪万千，自然萌生出许多疑问：引力如何通过虚空发生作用？宇宙射线来自何方？银河系中的弯曲和旋臂现象是怎么回事？太阳会有自燃殆尽的那一天吗？地磁逆转是怎么回事？瑰丽的土星环是怎么形成的？冷热"共生星"是怎样一种奇怪的星呢？2039 年"阿波菲斯"会撞击地球吗？外星人是否存在呢？层出不穷的飞碟究竟是什么？时间隧道真的存在吗……

正是这样一个个未解之谜,吸引着人们的好奇心,从而在求解的过程中产生新的发现,提出新的理论学说,提高人类的认识水平,增强人类的创造力。

天文世界光怪陆离,奇事怪象层出不穷,激起人类的无尽猜想,因此天文学总是站在争论的最前列。天文学在很多方面是同人类社会密切相关的,不仅为人类打开宇宙之窗、开辟星外生存空间提供知识保障,还为人类和地球的防灾、减灾发挥着自己独特的作用。

# 目 录

## 宇宙之谜大猜想

宇宙起源之谜 ········································ 1

"奇点"中的疑点 ···································· 5

暗物质与反物质之谜 ································ 8

夜空为何是黑的 ···································· 15

引力如何通过虚空 ·································· 19

宇宙中的第五种力之谜 ······························ 23

宇宙射线来源之谜 ·································· 27

神秘莫测的黑洞 ···································· 30

黑洞蒸发之谜 ······································ 35

理论上的"白洞"存在吗 ···························· 39

虫洞是穿越时空的隧道吗 ···························· 43

银河系的弯曲与旋臂之谜 ···························· 46

## 太阳系行星概述

太阳系的起源假说 ·································· 51

太阳的能量来源 ···································· 61

日冕"空洞"之谜 ………………………………………… 64
太阳表面活动中的疑团 …………………………………… 68
太阳会自燃殆尽吗 ………………………………………… 73
太阳有伴星吗 ……………………………………………… 77
奇妙的太阳震荡 …………………………………………… 82
设想中的太阳城 …………………………………………… 85
地球的身世之谜 …………………………………………… 88
奇怪的地球磁场逆转 ……………………………………… 92
月球的身世之谜 …………………………………………… 95
月球是空心的吗 …………………………………………… 99
登月之后更迷惑 …………………………………………… 103

## 星际疑云

木星巨大红斑之谜 ………………………………………… 109
火星上是否有生命 ………………………………………… 112
土星环与六角云之谜 ……………………………………… 116
金星曾有过生命吗 ………………………………………… 119
水星身上的谜团 …………………………………………… 124
天王星身上的谜团 ………………………………………… 127
计算出来的海王星 ………………………………………… 130
奇怪的冷热"共生星" …………………………………… 133
"阿波菲斯"会撞击地球吗 ……………………………… 136

## 神秘的天文现象中的谜团

"倒行逆施"的"黑色骑士" …………………………… 140
探索地外生命 ……………………………………………… 144
发给外星人的"地球名片" ……………………………… 148
外星人大猜想 ……………………………………………… 151
扑朔迷离的飞碟之谜 ……………………………………… 156

光怪陆离的图像与符号 …………………………………… 159
UFO 现象大猜想 …………………………………………… 163
世界十大飞碟事件 ………………………………………… 166
时空隧道存在吗 …………………………………………… 173
神奇的彗星蛋 ……………………………………………… 176
麦田怪圈是外星人所为吗 ………………………………… 179

# 宇宙之谜大猜想

面对茫茫宇宙,人类浮想联翩,不自禁地会产生许多疑问:宇宙是怎样起源的?存在暗物质与反物质吗?引力是如何通过虚空的?黑洞连接另外的时空吗?理论上的白洞存在吗?虫洞是穿越时空的隧道吗?……这一类"大"问题,古今中外的天文学家一直都在寻找着答案,然而寻找的结果往往是刚找到一种解释,新的问题又产生了。不过,值得人类自豪的是,经过了哥白尼、赫歇尔、哈勃的从太阳系、银河系、河外星系的探索宇宙三部曲,宇宙学已经不再是幽深玄奥的抽象哲学思辨,而是建立在天文观测和物理实验基础上的一门现代科学。

## 宇宙起源之谜

关于宇宙是如何起源的,这是从2 000多年前的古代哲学家到现代天文学家一直都在苦苦思索的问题。直到20世纪,出现了两种"宇宙模型"比较有影响:一是稳态理论,一是大爆炸理论。

若干世纪以来,很多科学家认为宇宙除去一些细微部分外,基本没有什么变化。宇宙不需要一个开端或结束。即使是在发现宇宙正在膨胀之后,这种想法也没有被放弃。托马斯·戈尔德、赫尔曼·邦迪和弗雷德·霍伊尔于20世纪40年代后期提出,物质正以恰当的速度不断创生着,这一创生速度刚好与因膨胀而使物质变稀的效果相平衡,从而使宇宙中的物质密度维持不变。这种状态从无限久远的过去一直存在至今，并将永远地继续下去。宇宙在任何时候，平均来说始终保持相同的状态。稳态理论所要求的创生速率很小，每100亿年中，在1立方米的体积内，大约创生1个原子。稳态理论的优点之一是它的明确性。它非常肯定地预言宇宙应该是什么样子的。也正因如此，它很容易遭受观测事实的质疑或反驳。当宇宙背景辐射被发现后，这一理论基本上已被否定。

1927年，比利时天文学家勒梅特提出一个十分有趣的理论。他认为，宇宙的物质和能量最初装在一个"宇宙蛋"内，今天的宇宙是这个不稳定的宇宙蛋灾难性的爆炸后膨胀的后果。1929年，美国天文学家哈勃测量星系的谱线之后，发现谱线与星系距离的定量关系。由此可知，现在星系都在彼此退行着。

20世纪40年代，美籍俄裔天体物理学家伽莫夫对勒梅特的理论十分赞赏，并把它称作"大爆炸理论"。伽莫夫对这一理论深入研究，描述宇宙混沌之初的情景，并断言对大爆炸遗迹观测应该对应着一个温度为5K（-267℃）的宇宙背景辐射。

大爆炸宇宙论把宇宙200亿年的演化过程分为3个阶段。第一个阶段是宇宙的极早期。那时爆炸刚刚开始不久，宇宙处于一种极高温、高密的状态，温度高达100亿℃以上。在这种条件下，不要说没有生命存在，就连地球、月亮、太阳以及所有天体也都不存在，甚至没有任何化学元素存在。宇宙间只有中子、质子、电子、光子和中微子等一些基本粒子形态的物质。宇宙处在这个阶段的时间特别短；短到以秒来计。

随着整个宇宙体系不断膨胀，温度很快下降。当温度降到10亿℃左

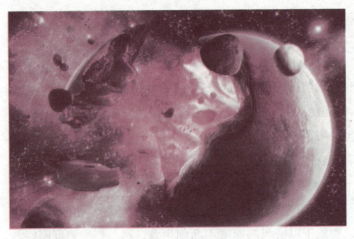

宇宙大爆炸设想图

右时,宇宙就进入了第二个阶段,化学元素就是这个时候开始形成的。在这一阶段,温度进一步下降到 100 万℃,这时,早期形成化学元素的过程就结束了。宇宙间的物质主要是质子、电子、光子和一些比较轻的原子核,光辐射依然很强,也依然没有星体存在。第二阶段大约经历了数千年。

当温度降到几千摄氏度时,进入第三个阶段。200 亿年来的宇宙史以这个阶段的时间最长,至今我们仍生活在这一阶段中。由于温度的降低,辐射也逐步减弱。宇宙间充满了气态物质,这些气体逐渐凝聚成星云,再进一步形成各种各样的恒星系统,成为我们今天所看到的五彩缤纷的星空世界。

大爆炸理论刚提出的时候,并没有受到人们广泛的赏识。但是,在它诞生以后的 80 余年中,不断得到了大量天文观测事实的支持。

例如,人们观测到银河外天体有系统性的谱线红移,用多普勒效应来解释这种现象,红移就是宇宙膨胀的反映,这完全符合大爆炸理论。

20 世纪 60 年代,美国贝尔实验室中两名科学家在进行通信研究时,意外地发现了宇宙背景辐射的温度。经反复测量,这个温度约为 5K 左右。这对大爆炸理论当然是一个极其鼓舞人心的支持。

20 世纪 80 年代,美国天体物理学家古特又对大爆炸理论进行修改,他引入粒子物理学的一些新理论,建立了膨胀理论。

尽管大爆炸理论是一个很好的理论,但是,能否在实验室内演示一下大爆炸的演变过程呢?这是一个很有趣的想法。20 世纪 80 年代末,欧洲的一些科学家在巨大的正负电子对撞机上进行这个尝试。这台对撞机有一条长长的管道穿越瑞士和法国交界地区。实验的初步结果表明,150 亿年前发生的大爆炸过程中,许多自然界不存在的且寿命极短的粒子曾经诞生,并在极短时间内形成恒星和星系物质。

现在,大爆炸学说已得到三方面的支持:宇宙在膨胀着、氦元素丰度为 30% 和 3K 背景辐射。但这还不能说明该理论完全正确。美国国家科学院天文学调研委员会对大爆炸学说曾这样评价:"现在已掌握的资料尚不精确;对它们的解释或许尚有问题;这个理论也许是错误的。"并指出进一步检验的必要。特别是宇宙起点前的样子、膨胀宇宙的结局和能否收缩等问题需进一步研究。

## 知识点

### 勒梅特

勒梅特（1894-1966），比利时天文学家和宇宙学家。一战期间，勒梅特作为土木工程师在比利时军队中担任炮兵军官。战后进入神学院并于1923年担任神职。1923—1924年间在剑桥大学太阳物理实验室学习，后到美国麻省理工学院学习。1927年回国，任卢万大学天体物理学教授，同年，他发表了他的研究成果：均质的宇宙质量不变，半径不断增加，并阐明了银河外星云的径向速度，就如何对当时的两种相对论进行两难选择提出了解决办法。1931年他对自己的成果加以补充，提出他的宇宙起源假说的雏形，即原始原子。根据这种假说，现在的宇宙在不断膨胀，它起源于一个原子的放射性裂变。勒梅特还研究过恒星形成理论、宇宙线和三体问题等。他的主要著作有《宇宙演化的讨论》《原始原子假说》。

## 延伸阅读

### "宇宙蛋"有多小

这个问题是人们在探索宇宙的诞生时产生的。假设所有的天体最初都源于同一地点，一个宇宙蛋中，后来这个原始"宇宙蛋"突然爆炸，便成了今天的宇宙。那么，这个原始"宇宙蛋"有多小呢？

现在我们观测到的宇宙的大小是个半径约大于 $10^{90}$ 光年的球。如果将宇宙中所有的物质挤压在一起，就是原始宇宙蛋的体积，现在的宇宙挤压到最小程度时，是个什么样呢？

科学家们假设宇宙中的一切物质都是由夸克和电子组成的，3个夸克构成一个中子和质子，即原子核，原子核和若干个电子构成物质的原子。如果夸克的直径不超过$10^{-19}$米，那么，宇宙中的全部物质可被挤压到木星那么大小的球星。

这只是个非常粗略的估算，没有包括宇宙中的暗物质，也不包括尚未观测到的更遥远的宇宙。但是，这一估算可以使我们获得关于原始宇宙蛋大体上有多小的物理概念。

因为人们现在所知道的夸克和电子的大小是受现代科学技术水平的局限的。所以，究竟宇宙蛋小到什么程度，仍旧是一个难解的谜。

## "奇点"中的疑点

现在学术界的大多数人都认同宇宙在未爆炸前是一个奇点的观点。当今学术界对于宇宙的观念，最基本最多获得认可的便是大爆炸理论，该理论为我们勾画出宇宙的轮廓，从而成为学术界的经典理论。

然而，要解开宇宙这个难题实在是不容易，它的演化过程是科学研究的永恒主题，其中最引人注目的课题就是宇宙的诞生了。大爆炸理论对此是这样描绘的：宇宙是由"奇点"诞生而来。"奇点"是一个温度和密度奇高的神奇小点，在约150亿年前，"奇点"突然爆发，从而形成了现在这个宇宙。但是，这个"奇点"被描绘成体积为零、时间停顿的"点"，似乎是一个不可想象、不可思议的点，其本身是一个无限大与无限小相结合的矛盾体，这就让它的过去未来成了一个谜。

黑洞理论是目前星体存在的最普遍认识。它的质量、密度奇大，温度奇高。按常规，这样的星体是发光的，可黑洞的引力奇强，非但本身不发光，就连外界的光也吸收了。它不断地吞噬着周围的物质，质量在不停地增加，但同时体积却因物质向中心塌陷而缩小，这种激烈塌缩的最终结果，使其中心部位形成一个"点"。

如果我们把一切天体的组合视为大宇宙，而把众多的黑洞看作是一个个小宇宙，我们就可以这样理解：我们所处的这个宇宙只是大宇宙中的一个宇宙而已，宇宙中心部位形成的点其实就是一个"奇点"，小宇宙在"奇点"之前曾经有过另外一番存在形式，曾经是一个巨大的黑洞。"奇点"是黑洞力量平衡

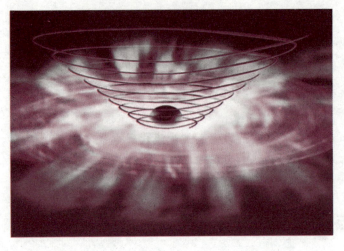

奇点设想图

后的存在形式。当黑洞收缩到相当的程度后，外围物质向内的收缩力与物质向外的膨胀力相平衡时便不再收缩，状态相对会稳定下来，星体此时的状态就是"奇点"。"奇点"的温度、密度、质量奇高，但体积不可能会无限的小，而且时间是永恒的，并不以物质的存在形态来决定。

该状态存在的时间较短，一旦"奇点"内的膨胀力反超过收缩力后，外层物质会被内层的高压猛烈地抛向四周的深渊，大爆炸也就形成了，同时迸发出强大的能量和光芒，此时物质只进不出，这种状态就是"白洞"。黑洞与白洞是同一星体在不同时期的表现形式，是物质力量变化的结果。黑洞的最终结果又必将是黑洞。它们之间是相互循环的，如同《周易》中的阴鱼和阳鱼相互更迭一样，这个循环过程如下：奇点—白洞（大爆炸）—星系的演变—黑洞—奇点，这个过程是物质力量变化的结果，故而也可看做：膨胀—收缩—膨胀。该过程是小宇宙的一个循环，是个小循环，每个小宇宙都进行着这样的小循环。

这种小循环的现象也存在于我们现在所处的小宇宙中。在未来某个时期，这个小宇宙将停止膨胀，继而开始收缩，速度逐步加快，最后小宇宙内的各种物质都将聚集在一起，形成一个黑洞，经过"奇点"之后，又将是新一轮的大爆炸，开始小宇宙新一轮的演化。

宇宙中还有一种奇怪的星体叫类星体，距离我们十分遥远，其体积不大，但其质量、密度、温度奇高，发光强度是太阳的 1 000 亿倍以上，它的存在时间在 200 亿年以上。其实，这就是"白洞"，是不同于我们这个小宇宙的另一小宇宙某一轮循环的初期表现形式。

现在我们知道，我们所处的这个宇宙是所有小宇宙中的一分子，所有小宇宙的组合才构成大宇宙，每个小宇宙进行着小循环，而大宇宙亦同样经历着膨胀—收缩—膨胀的循环，这是超级大循环，规模和周期远在小循环之上。大宇宙的原始大黑洞才是众多小宇宙的宇宙之母，大宇宙的历史远在小宇宙之上。

各个小宇宙统一在大宇宙之中，相互之间并不是孤立的。从小循环来看，小宇宙之间是各自演化的；从全过程的大循环来看，众多小宇宙的质量大小不同，故而它们小循环的周期亦将不同，所以，它们的演化过程并不是同步的。另外，当大宇宙处于膨胀时期时，较大的小宇宙会分裂成若干个更小的小宇宙；而当大宇宙处于收缩时期时，小宇宙就会出现兼并的情况。

当众多小宇宙在进行着小循环的同时，也组成了大宇宙大循环的演化过程，大循环过程如下：大宇宙原始大黑洞—原始大爆炸—各个小宇宙的小循环（奇点—白洞—星系的演变—黑洞—奇点）—大宇宙大黑洞。大循环与小循环一起，周而复始。物质是永恒不灭的，只要物质存在，大宇宙循环将不停地轮回下去，永无止境。

## 知识点

### 《周易》

《周易》是一部中国古代哲学书籍，是建立在阴阳二元论基础上对事物运行规律加以论证和描述的书籍。据传，商末西伯侯姬昌被商纣王软禁期间，创作《易占》六十四卦之卦辞与爻辞。司马迁著《史记》称周文王的作品为《周易》。《周易》历经数千年之沧桑，已成为中华文化之根。易道讲究阴阳互应，刚柔相济，提倡自强不息，厚德载物。古人用它来预测未来，决策国家大事，反映当前现象，上测天，下测地，中测人事。然而《周易》占测只属其中的一大功能，其实《周易》囊括了天文、地理、军事、科学、文学、农学等丰富的知识内容。

当前，我国的易学研究在原理探索上仍无重大进展，思想混乱，实际应用趋向神秘主义。歪曲了易学的学术地位，阻碍了易学良性化发展的步伐，蒙蔽了易学的真正价值。

### 何处漂来的宇宙岛

在宇宙大爆炸之后的膨胀过程里,分布不均匀的物质收缩成一个个"岛屿",这就是星系,人们形象地称作"宇宙岛"。

提起宇宙岛,可追溯到意大利科学家布鲁诺关于宇宙中恒星世界的构想。1755年,德国哲学家康德认为宇宙中有无限多的世界和星系,这就是宇宙岛假说的渊源。天文学家通过观测,看到许多雾状的云团便猜测可能是由很多恒星构成的,只是离得太远,人们无法一一分辨出。

人们对宇宙中的宇宙岛从何处漂移过来的仍有更为激烈的争论。关于星系起源的理论有很多,有代表性的是引力不稳定性假说和宇宙湍流假说。前者认为,在30亿年期间,星系团物质由于引力的不稳定而形成原星系,并进一步形成星系或恒星;后者认为,宇宙膨胀时形成漩涡,它可以阻止膨胀,并在漩涡处形成原星系。二者都认为星系形成于100亿年前。但是它们都不成熟,还存在很多的问题。此外,还有一些关于星系起源的理论,也有较大影响。

## 暗物质与反物质之谜

### 难觅其踪的暗物质

茫茫宇宙中,恒星间相互作用,做着各种各样的规则的轨道运动,而有些运动我们却找不到其作用对应的物质。因此,人们设想,在宇宙中也许存着我们看不见的物质,人们称之为暗物质。可到底什么是暗物质呢?

加利福尼亚大学欧文分校的天文学家维吉尼亚·崔伯认为,人类知道这种物质的存在已经几十年了,但却不知道它到底是什么。

暗物质与一般的普通物质有着根本性的区别。普通物质就是那些在一般情况下能用眼睛或借助工具看得见、摸得着的东西,小到原子,大到宇宙星体,近到身边的各种物体，远到宇宙深处的各种星系。普通物质总是能与光或者部分波发生相互作用，或者在一定的条件下自身就能发光，或者折射光线，从而被人们可以感知、看见、摸到，或者借助仪器可以测量得到。但是暗物质却恰恰相反，它根本不与光发生作用，更不会发光，因为不发光又与光不发生任何作用，所以不会反射、折射或散射光，即它们对于各种波和光是一些透明体。

天文学研究里用光的手段绝对看不到暗物质，不管是电磁波、无线电还是红外射线、γ射线、X射线这些统统都毫无用处。它不被人们的感官所感觉，也不被目前的仪器所观测，故此，为了区分普通物质和这种特殊的物质，而将这种特殊的物质称之为"暗物质"。

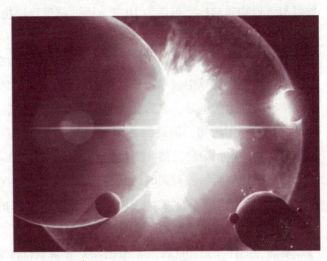

**宇宙景观**

100多年前，曾经有科学家认为，看似真空的宇宙空间并不空虚，而是有一种被称为"发光以太"的物质充斥着。这种神秘的东西从未被在地球上任何一个实验室里看到过，它被认为能够用来解释一个天体的引力是如何对另一个产生作用的。

虽然到19世纪末，"发光以太"也像无数其他的科学误解一样退出了历史舞台，但今天，另一种神秘的物质令天文学家们着迷，而它并没有随时间的推移而消失——这就是暗物质。

科学家们为何如此肯定暗物质的存在呢？

通过对星球及星云运动方式的观察以及在这方面长达几十年的不断研究，科学家认为，如果星球和气体云只是受到星云中所能看见物质的引力作用的话，那么它们旋转的速度就显得过快了。而星系群也有同样的情况，单个星系的运动无法通过目前天文学所能看到的物质的引力来解释。

因此，天文学家推论认为，星云被一个由不同于以往的不可见物质组成的巨大的晕圈所包裹着。虽然人们无法看到这种所谓的暗物质，因为它不具放射性能量，但它却有质量，这使得它能够提供支撑星云及星云群所需的所有额外引力。现在，即便是在宇宙哲学中它也是一个非常奇怪的命题。

天文学家并不能直接看到暗物质，但他们能通过观察星系群的引力透镜效果发现暗物质的作用。事实上，天文学家认为宇宙中存在着大量的暗物质，其数量与普通物质的比率可能为10:1，远远超过普通物质的数量。

尽管许多人怀疑它是存在的，20世纪70年代，人们却初步证实了它的存在。当时，科研人员发现，大型星系团中的星系具有极高的运动速度，除非星系团的质量是根据其中恒星数量计算所得到的值的100倍以上，否则星系团根本无法束缚住这些星系。之后几十年的观测分析证实了这一点。尽管对暗物质的性质仍然一无所知，但是到了20世纪80年代，存在占宇宙能量密度大约20%的暗物质这一说法已被广为接受了。

如果暗物质能够被看到的话，那么大多数星云，包括我们所在的银河系要比现在在望远镜中所看到的大10倍，所有大家熟悉的恒星、星云、行星以及尘埃气体云只不过是很小的一部分了。

暗物质的存在是如此普遍又被证实是非常难以琢磨的。一部分原因是因为暗物质极少与普通的物质发生作用。

到目前为止，科学家对暗物质的探求努力仍无法进行。现在，只能在理论中推测它们可能的样子，而它们很可能与某种（或者几种）亚原子微粒非常相似。

暗物质存在与否，虽然已经得到初步证实。但暗物质由什么样的物质所形成？它们是什么样的粒子或是场，或是二者的统一体？仍然需要进一步的研究。

宇宙论的理论认为，暗物质可能有两种形态，一种称为热暗物质，即在宇宙形成物质世界时期，暗物质的候选者仍然保持其相对论性粒子状态；另一种称为冷暗物质，即在宇宙形成物质世界时期，暗物质的候选者已经是非相对论性的粒子。这两者将在宇宙演化过程中起着不同的作用，但都不能没有。

如何探索、寻找和研究已被天文观测所证实的暗物质呢？这是21世纪科学的又一难题。

### 反物质存在之谜

我们知道，世界是由物质组成的。但是，如今科学家却提出了一个"反物质"的概念，对传统观点提出了挑战。那么究竟什么是反物质？宇宙中真的存在反物质吗？

众所周知，世界是由于物质构成的，而物质是由原子构成的，原子核位于原子的中心。原子核由质子和中子组成，带负电荷的电子围绕原子核旋转。原子核里的质子带正电荷，电子与质子所携带的电量相等，但一正一负。质子的质量是电子质量的1 840倍，这让它们在质量上形成了强烈的不对称性。这引起了科学家的关注，因此一些科学家在20世纪初就认为二者相差悬殊，因而应存在另外一种电量相当而符号相反的粒子，如存在一个同质子质量相等但携带负电荷的粒子和另一个同电子质量相等但携带正电荷的粒子，而这就是"反物质"概念的最初观点。

1928年，英国青年物理学家狄拉克根据狭义相对论和量子力学原理，提出一个设想：在自然界中，存在着带负电的电子，同时还存在着一种与电子一样但能量与电荷都为正的正电子，这种电子可称为电子的"反粒子"。他认为，物质和反物质一旦相遇，就会互相吸引，并发生碰撞而"湮灭"，各自的质量也消失，并能释放出大量的能量，这些能量以伽玛射线的形式出现。在我们周围的物质世界中，之所以没有天然的反物质存在，原因也就在于此。

狄拉克的这一设想在科学界产生了很大的震动，科学家们认为这种设想极有道理，因而他们极力寻找和制造反物质。

1932年，美国物理学家安德森研究了一种来

宇宙奇观

自遥远太空的宇宙射线。在研究过程中，他意外地发现了一种粒子，这种粒子的质量和电量都与电子完全相同，唯一不同的是在磁场中弯曲时其方向与电子相反，也就是说它是正电子。这一发现论证了狄拉克的设想，并极大地激发了人们的研究热情。

1955年，美国的钱伯林和西格雷两位科学家利用高能质子同步加速器发现了反质子。1957年，西格雷等人又观察到了反中子。

1978年8月，欧洲的一些物理学家成功地分离了300个反质子达85小时，并成功地储存了这些反质子。1979年，美国科学家也进行了一个实验，把一个有60层楼高的巨大氦气球放到高空，气球在离地面35千米的高度上飞行了8个小时，捕获了28个反质子。

关于反质子的发现层出不穷，这些发现不断激发着人们的热情。反中子和中子一样，都不带电，但它们在磁性上存在差别。中子具有磁性且不断旋转，反中子也不断旋转，但其旋转方向与中子恰恰相反。按照这个线索，物理学家们继续寻找下去，结果发现了一大群新奇的粒子。到目前为止，已经发现了300多种基本粒子，这些基本粒子都是正反成对存在的。也就是说，任何粒子都可能存在着反粒子。

这样，用人工的方法把反质子、反中子和正电子组成反物质原子这一设想在理论上就是成立的。

1996年1月，欧洲核研究中心宣告德国物理学家奥勒特等利用该中心的设备合成得到第一类人工制造的反原子，即11个反氢原子。由于这一科研成果意义重大，欧洲核研究中心专门开会庆祝反原子的人工合成。物理学家们预言，技术上进一步的改进将会使大量生产反物质原子的设想成为可能。

对于反物质在自然界中究竟有没有的问题，大家观点各异。从前的理论认为，在宇宙中，正物质和反物质是对称的，同样多的。虽然反物质在地球上只能出现在实验室里，且时间短暂，但在茫茫宇宙中的某些部分却有可能存在一些星系，而这些星系就由反物质构成。相反，正物质却很少在那些星体上存在。物质与反物质在电磁性质上相反，其他方面均相同，那么在宇宙总磁场影响下，它们会各自向宇宙相反方向集中，分别形成星系与反星系。

根据这种观点，我们的宇宙应该分为两部分——正物质和反物质。不过，至今我们也没有获得关于反星系分布的直接证据，因为由反物质组成的星系与正物质组成的星系发出的光谱完全相同，依靠我们今天的天文观测手段根本无法区分。

虽然理论上认为宇宙中应该还存在一个反物质世界，但事实并不这么简单，因为自然的反粒子和反物质在地球上是不存在的。科学家们研究发现，核反应中产生的反粒子被大量正常粒子包围，所以产生出来没多久就会和相应的正常粒子结合，两者结合后反粒子就消失了，转化成了高能量的光子辐射。可人们至今也没发现这种光子辐射。

在我们的地球上，更是很难找到反物质，因为普通物质无处不在，而反物质一旦遇到它就会湮灭。事实上，反物质仍能以自然形态存在于地球以外的宇宙中，但因为它发出的光与物质发出的光一样，所以我们无法从恒星发出的光来判断它是物质还是反物质。因此科学家推断，由反物质构成的恒星很可能存在于宇宙中，或在距其他星球足够远的孤立空间中，甚至在银河系中。自然界是有对称性的，所以其中也一定同时存在着由物质组成的星体和由反物质组成的星体。当然，物质和反物质不可能同处在一个星体中，因为二者碰到一起就要湮灭。

因此，宇宙中到底有没有反物质，还有待于科学技术的进一步发展去证实。尽管至今我们仍不能确定宇宙中是否有反物质，但也不能过早予以否定。因为距离我们100多亿光年的天体是人类已观测到的最遥远的天体，但这并不是宇宙的边缘，也许在更遥远的太空中会有反物质存在，也可能确实有反物质存在于我们已经观测到的宇宙中，只是由于某种原因使我们无法看到这些反物质罢了。

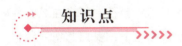

知识点

### 狄拉克

狄拉克（1902－1984），英国理论物理学家，量子力学的奠基者之一，因狄拉克方程获得1933年诺贝尔奖。他出生于英格兰西南部的布里斯托，在布里斯托大学取得电子工程和数学两个学位之后，于1926年在剑桥大学取得博士学位。他对物理学的主要贡献是：给出描述相对论性费米粒子的量子力学方程（狄拉克方程），给出反粒子解；预言磁单极；费米—狄拉克统计。另外在量子场论尤其是量子电动力学方面也做了奠基性的工作。在引力论和引力量子化方面也有杰出的工作。他的《量子力学原理》一书，是该领域的权威性经典名著，被誉为"量子力学的圣经"。

## 神秘的影子物质

对称现象是一种很常见的现象。在自然界还存在一种超对称现象，这种性质要求有寻常物质（夸克、轻子……）之外，还要有"影子物质"（如影子夸克、影子轻子……）。影子物质，意即看不到的物质，可以理解为隐身物质。

在我们的宇宙中，有些星系主要是由寻常物质构成的，有些星系则可能主要是由影子物质构成的，但两类星系可同处同一星系团。遗憾的是，我们尚不知影子星系的具体情况。

影子物质构成的世界同我们的现实世界处在同等地位上。它在太阳系尺度上或星系尺度上的影子恒星系要按照它固有的规律演化，它应有可能演变到与我们世界对等的水平上。

影子世界的真实性受到许多人的关注，但是我们怎样验证它的存在呢？特别是影子世界的文明程度，如果同我们的文明程度不相上下，我们怎么同他们联络呢？现在的通信工具是不行的，可能要用引力波进行联络，因此要研制非常灵敏的引力波收发报机。然而，现在还未探测到引力波的信号。

但愿影子世界是真实的，如果能沟通同影子世界的联络，可能会使现实世界更丰富多彩，这一切需要不断地研究和实验。

## 夜空为何是黑的

有人曾这样设想：如果说在宇宙中有无数颗能发光发热的恒星的话，那么我们的地球，无论转到哪个方向，都应该看到来自不同方位的恒星所发出的光。所以，按这种理论推测，我们看到的夜空，应该和白天一样明亮才对。而事实上，我们只有面对太阳的时候，才真正看到了光明，背对太阳的时候，我们就只能看到黑夜了。那么，黑夜又是怎么形成的呢？

有人这样解释说：因为在星际间，存在着大量的气体和尘埃，它们可以吸收恒星发出的光。所以，宇宙就变得黑暗了。

这种解释显然是不能让人满意的。因为宇宙中恒星的总光度是无限大的。如果星际物质吸收那么多的能量，那么它自己一定会变热并且发出光亮。这样一来，宇宙不但不会黑暗，反而会更加明亮。因此，这个解释是不能成立的。

夜　空

1826年，由于一位名叫奥伯斯的德国天文学家首先提出了这个非常有趣的问题，所以这个问题就被称作奥伯斯佯谬，也叫光度佯谬。结果，此后100多年，关于"夜空为什么是黑的"这个问题，总是没有一个合理的解释。

正当科学家们对奥伯斯佯谬束手无策的时候，宇宙膨胀学说的出现，给解决这一问题带来了一线希望。

1915年，美国天文学家斯里弗发现，大多数的银河系以外的星系，它们的光谱线都有红移现象。也就是说，观测到的这些河外星系的光谱线，在不停地向红色一端移动，即波长变长，光波频率变低。这是怎么回事呢？一位名叫多普勒的奥地利物理学家发现的"多普勒效应"，正好能够解释这种现象。那么，多普勒效应又是什么呢？其实这是一个关于声学方面的物理现象。在平时的生活中，我们都会有这样的感受：当一列火车迎面朝我们开过来的时候，我们会觉得火车的鸣叫越来越尖厉；当火车从我们身边飞驰而过的时候，声音会突然变小，并且越来越低，直到最后听不见为止。这就是说，当声源向观测者方向运动的时候，观测者所听到的频率会变高；相反，当声源远离观测者的时候，声音的频率就会变低。这种多普勒效应也适用于光学中：当光源向观测者方向移动的时候，光波频率会变高，波长变短，光谱线就会向紫色的一端移动；如果光源是远离观测者而去的，那么，它的波长就会变长，光谱线就会向红色一端移动了。这就叫"红移"现象。斯里弗发现的这种红移现象，说明了河外星系正不停地远离我们而去。

到了1929年，美国天文学家哈勃又进一步研究了20多个河外星系的红移之后，得出了一个结论：宇宙中所有的星系，都在用非常快的速度，远离我们，向四面八方飞去。这就是著名的"哈勃定律"。这个定律告诉我们一个非常明显的道理：宇宙正在不断地膨胀着！

有了宇宙膨胀学说以后，人们对于夜空的黑暗就有了新的解释。有的科学家认为：因为宇宙在不断地膨胀着，所以各种星体也在不停地向远处飞行着。恒星发出的光，也会因为红移现象而使它们的能量减小。星系越远，红移越大，发出的光越暗。许多离我们地球非常遥远的恒星，它们发出的光到达地球的时候，其能量已经接近于零了。所以，我们感到夜空是黑暗的。

这个观点从理论上看，好像很有道理。但是，关于宇宙是从什么时候开始膨胀的？造成膨胀的原因又是什么呢？这又成了科学家们新的研究课题。因此，黑暗的夜空是因为宇宙膨胀造成的这种说法，在科学上，仍然不能成为定论。

为了解开夜空黑暗之谜，又有人大胆地提出了另一种新的说法，认为夜空之所以黑暗，可能是宇宙诞生以前的状态。这是怎么回事呢？

持这种观点的科学家认为，光的传播速度是有限的，虽然光速能达到大约每秒30万千米，但它毕竟还需要一定的时间。那些离我们十分遥远的星系，它们的光到达我们地球的时候，已经过去了几千几万年，有的甚至是几亿几十亿年的时间了。所以，黑暗的夜空，也许就是宇宙诞生之前的样子，而并不是宇宙现在的状态。

这种观点虽然也很有道理，但是这种解释也遇到了许多难以避免的问题。比如：既然黑暗的夜空是因为宇宙还没有诞生造成的，那么宇宙又是怎样形成的呢？它又是怎样演化成现在这个样子的呢？看来，只有先弄清了宇宙起源的问题，才能证明这一理论的正确性。虽然宇宙大爆炸学说已经被世界上多数天文学家所接受，但这种学说仍然是一种推测，还没有得到科学的证实。因此可见，黑暗的夜空是宇宙诞生之前的状态的说法，也不能成为定论。

那么，为什么夜空是黑的这个问题，该怎样回答呢？看来，只有等待着一代又一代人，经过艰苦的努力的探索之后，作出正确的解释了。

知识点

## 哈 勃

爱德温·哈勃（1889－1953），美国人，是研究现代宇宙理论最著名的人物之一，是河外天文学的奠基人。1910年，哈勃在芝加哥大学毕业，获得奖学金，前往英国牛津大学学习法律，23岁获文学学士学位。1913年在美国肯塔基州开业当律师。后来，他终于集中精力研究天文学，并返回芝加哥大学，25岁到叶凯士天文台攻读研究生，28岁获博士学位。在该校设于威斯康星州的叶凯士天文台工作。在获得天文学哲学博士学位和从军两年以后，1919年退伍到威尔逊天文台（现属海尔天文台）专心研究河外星系并作出新发现。哈勃对20世纪天文系作出许多贡献，被尊为一代宗师。其中最重大者有二：一是确认星系是与银河系相当的恒星系统，开创了星系天文学，建立了大尺度宇宙的新概念；二是发现了星系的红移——距离关系，促使现代宇宙学的诞生。

## 宇宙有边吗

1917年3月，爱因斯坦在一封书信中讲到："宇宙究竟是无限伸展着呢，还是有限封闭的？德国著名抒情诗人海涅在一首诗中曾给出过一个答案：一个白痴才会期望有一个回答。"这是爱因斯坦在构造宇宙模型时发出的感叹。

古往今来，多少人物都在考虑这个"白痴"的问题。在我国古代，屈原和张衡认为宇宙是无限的，而汉代扬雄则认为宇宙是有限的；主张无限观点的外国人有卢克莱修、布鲁诺、牛顿和莱布尼茨等；主张有限观点的有亚里士多德和但丁等。

宇宙是有限的，还是无限的，人类已争论了2 000多年了。其争论大致可分为3个阶段：

第一阶段，宇宙有限论者主要把眼力所及的星空作为宇宙的边界，并给出一些宇宙半径的数值。到19世纪，恒星之间的测量值已超出了这些宇宙半径值，因而宇宙有限论遇到了困难。

第二阶段，宇宙有限论基本上视银河系为宇宙的范围。

第三阶段，20世纪河外星系的发现又超出了宇宙有限论的视界。

从现代宇宙学发展来看，宇宙无限和无限的论证取决于宇宙物质平均密度，但能否作为最终的判据尚难取得一致的看法。

## 引力如何通过虚空

许多人一定对这样一个故事耳熟能详：坐在树下的艾萨克·牛顿猛地被掉下来的苹果打中了头，于是他认为一定有引力存在。当然，事物的发展要复杂得多。实际上，伽利略早就开展了这方面的工作。他发现两个大小、重量不同的物体，比如苹果和西瓜，当从同一高度使它们同时下落时，它们将同时到达地面。伽利略用了数年的时间进行这方面的研究，得到了自由落体定律，并于1638年发表在他的《对话》一书中。4年后，牛顿出生了。

然而，牛顿注定要走得更远。1665年，23岁的牛顿从剑桥大学毕业了。当时，英国的城市里正流行黑死病，于是牛顿回到了家乡林肯希尔。在那里他度过了两年的黄金时光，取得了丰硕的成果。现在看来，这些成果所显示出的重要性只有爱因斯坦在1905年所进发的伟大创造力才能与之媲美。牛顿的成果包括微分学、积分学和白光的分解（他用一块棱镜证实了他的想法），当然还有最重要的牛顿运动三定律和万有引力定律。

牛顿认为，引力是由于物体具有质量而产生的物体间的吸引力。两个大物体间的引力要比两个小物体间的引力大。而且，两个物体相距较近时的引力要比相距较远时的大，也就是说，两个物体间的引力与两个物体质量的乘积成正比，与物体间距离的平方成反比。丢到空中的球会落到地面，这是因为地球的质量远大于球的质量。如果球被丢得很高，它将花更长的时间回到地面，因为球和地球之间的距离加大了。

牛顿将下落的苹果同绕地球运动的月亮联系了起来，尽管苹果落到了地面，月亮悬在空中。在适当方向上的适当运动可以抵消，甚至克服引力。月亮悬在空中而非撞向地球，阿波罗11号飞离地球奔向月亮，这些都能用牛顿定律进行解释。

牛顿的引力理论中存在一个问题：引力如何通过虚空？牛顿也意识到了这个问题。他写道："难以想象，这些毫无生气的物质在没有其他非物质的东西调和下，怎能作用在其他物质上并产生影响，而它们之间又没有任何接触。引力一定是天生的、固有的和必需的，这样一个物体才能通过真空作用在远处的

牛顿

物体上,而不需要其他东西来把作用和力从一个地方传到另一个地方。在我看来这是很荒谬的。引力一定是由一个作用物按照一定的规律产生的,这个作用物是物质的还是非物质的,我想我还是把它留给我的读者去考虑吧。"简而言之,尽管引力确实存在,但我们不知道它是由什么来传递的。

牛顿的读者,其中不少是科学家,基本上认为答案是非物质的作用物:空间。人们猜想空间充满了看不见的、无摩擦的介质,介质发生运动时就会推动引力(和光)前进。这种介质被称为"以太",但这是一个不正确的想法,正如认为鸟类冬眠而不迁徙一样不正确。然而,这个想法却持续了很长时间,因为没有更好的解释。1887 年,美国科学家迈克耳孙和莫雷设计了一个实验,表明了并不存在以太。于是问题又回到了起点:引力如何在虚空中作用?

1905 年,爱因斯坦首先在他的狭义相对论理论中暗示一个答案,并在 1907 年发表他那著名的方程 $E=mc^2$ 时进行了发展。他认为质量和能量是对等的,可以相互转换。质量和能量之间的转换率是固定的。$E$ 是能量,大小会发生变化;$m$ 是质量,大小也会变化,但转换率一直是 $c^2$,或光速的平方。由于转换率如此之高,所以很少的质量中就能储藏很多的能量。想想具有巨大破坏力的原子弹就不难明白这一点。这个著名的方程同时暗示,相对而言只需不多的能量就能产生足够的速度克服引力,这就是为什么阿波罗 11 号能将人送上月球的原因。我们也看到阿波罗 11 号从肯尼迪空间中心起飞需要多级火箭助推,而登月舱从月球返回时只需一个中等的火箭提供动力。

有关引力的所有问题只有在 1915 年广义相对论问世后才得到真正的解决。这种新的引力理论无需引入以太。实际上,爱因斯坦同时也丢掉了牛顿理论中的力。空间在牛顿的世界中是静态的,在爱因斯坦的世界中则是动态的。根据广义相对论,空间本身是弹性的,可以弯曲、伸展,或者受一个物体质量的影响而严重地变形。太阳就能使通过它附近的光线发生弯曲,因为太阳的引力场使附近区域的空间发生了扭曲。更大的恒星会使空间产生更大的扭曲。最终将为人们所认识的黑洞，对空间的影响达到了不可思议的地步。爱因斯坦向人们表明，物质使空间弯曲。

爱因斯坦的引力理论并没有完全丢弃牛顿理论。牛顿理论中的"力"在太阳系范围内仍然行得通，更不用说在日常生活中了。然而到了更大的范围，牛顿理论就遇到了麻烦，这时就需运用爱因斯坦的理论了。比如，黑洞的引力很强，连光线都逃不脱，牛顿理论没法解释这点，而爱因斯坦的理论则认为，黑洞那极高的质量密度使空间发生了扭曲，俘获了光线，从而清楚地解释了这种奇怪的现象。

在基本粒子层面上，引力基本上不起作用。1个电子和1个质子组成1个氢原子，靠的不是引力，而是强度更大的电磁力。到底有多大呢？大 $10^{40}$ 倍。正如法国物理学家和作家蒂阿纳所说："如果没有电磁力，仅仅在引力的作用下的话，1个氢原子就将充满整个宇宙。引力非常微弱，不可能使电子和质子结合得如此紧密。"

只有很多的原子聚合在一起时，它们才会产生足够大的引力。从物理的角度来看，连喜玛拉雅山都无法产生足够的引力将一个人吸向它。那些登山者将与地球引力搏斗，如果他们不小心滑倒，地球引力会毫不留情地将他们拉下。引力可置人于死地，但从另一个角度说，它又几乎可被忽略。一张纸放在桌上需要地球的全部质量来产生引力。尽管引力是4种力中最弱的一种，然而具有讽刺意味的是，它却给我们带来了巨大的麻烦。

作为说明宇宙起源的大爆炸理论的基石，量子理论试图解释4种力中的其他3种力，弱核力、强核力和电磁力的基本相互作用。不管从牛顿还是爱因斯坦的观点来看，这就把引力放到了一旁。除非能将引力与其他3种力统一起来，否则就不会存在"万有理论"，或者大统一理论这类现代物理学的圣杯。即使将电磁力与量子理论相融合也用了许多年时间，这主要是因为引进了"重整化"计算方法，以消去无穷大这个现代物理学中的难题。

但对于引力重整化的效果并不好。林德利在他1993年的《物理学的终结》一书中表明，引力的重整化要比电磁力的情况复杂得多。"当两个物体被拉开，抗拒了引力的作用，体系的能量一定会增加；如果两个物体靠近，能量就会减少。但爱因斯坦又证明能量与质量相当，质量导致引力。你甚至可以认为，引力受到引力作用。"换句话说，质量和能量彼此纠缠在一起。这使引力中的无穷大问题更难处理。

问题最终回到了牛顿留给他的读者的问题：在真空中传递引力的作用物是什么？许多物理学家都认为问题的答案就在引力子，一种假设的亚原子粒子，就像传递光的光子一样。已被确认存在的光子和假设的引力子，都是"玻色子"。如果不存在引力子的话，就需要对量子力学进行重建了。

寻找引力子的路还很漫长。宇宙中所有猛烈的事件，超新星爆炸或星系碰撞，都会产生引力波，并最终到达地球。在路易斯安那州和华盛顿州已建成了两个长约3.5千米的巨大的引力观测站，用来检测宇宙引力波，并用它们进行研究。人们寄希望于激光干涉引力观测站找到这难以捉摸的引力子。现在，关于传递引力的作用物问题，我们并不比牛顿知道的多多少。

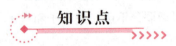

## 牛 顿

牛顿（1642－1727），英国物理学家、数学家和哲学家。他在1687年发表的论文《自然哲学的数学原理》里，对万有引力和三大运动定律进行了描述。奠定了此后3个世纪里物理世界的科学观点。他通过论证开普勒行星运动定律与他的引力理论间的一致性，展示了地面物体与天体的运动都遵循着相同的自然定律；从而消除了对太阳中心说的最后一丝疑虑，并推动了科学革命。在力学上，牛顿阐明了动量和角动量守恒之原理。在光学上，他发明了反射式望远镜，并基于对三棱镜将白光发散成可见光谱的观察，发展出了颜色理论。他还系统地表述了冷却定律，并研究了音速。在数学上，牛顿与戈特弗里德·莱布尼茨分享了发展出微积分学的荣誉。他也证明了广义二项式定理，提出了"牛顿法"以趋近函数的零点，并为幂级数的研究作出了贡献。

## 延伸阅读

### 牛顿的晚年

1672年,牛顿发表《光和颜色的理论》,他的论文引起许多非议,导致了长期的激烈争论。牛顿的科学生涯至此出现了一段长达12年的徘徊时期。在这段时间内,牛顿把精力放到了炼金术的实验研究和宗教神学书籍的研读上了。

当时所谓的炼金术,就是从铅或者水银中提炼黄金的技术。一些炼金师认为,所有物质都是由硫磺和水银以及盐3种元素构成的。因此,把这些物质适当地掺在一起,使它们结合起来,就能变成黄金、长生不老药等人们所喜欢的东西。最初,牛顿对此也深信不疑。他整天闷在实验室里,炉子里的火连日不断燃烧着。牛顿废寝忘食地埋头于炼金术的研究,结果却毫无成绩。

晚年的牛顿在伦敦过着堂皇的生活,62岁时,他被安妮女王封为贵族。这时他对自己从事的自然科学产生了厌倦和怀疑,于是倾心于对神学的研究,他否定哲学的指导作用,虔诚地相信上帝,埋头于写以神学为题材的著作。当他遇到难以解释的天体初始运动时,提出了"神的第一推动力"的理论。他说"上帝统治万物,我们是他的仆人而敬畏他、崇拜他"。

## 宇宙中的第五种力之谜

早在17世纪,伟大的意大利物理学家伽利略,曾在高高的比萨斜塔上做过一次具有深远意义的实验,让两个重量不等的铁球从同一高度自由下落,结果两个铁球同时着地。他得出结论说,任何物体,不管是一个铁球还是一根羽毛,如果在真空中自由下落,其加速度必然是一样的,因而必定同时落地。这一观点,直接推动了伟大的物理学家牛顿总结出关于力的运动的三大定律。而爱因斯坦的相对论,也是在这一基础上提出来的。

可是，300多年来这一颠扑不破的真理，如今却受到了严重的挑战。一个以美国物理学家费希巴赫为首的科研小组，经实验发现，不同质量的物体在真空中实际上并不具相同的加速度。费希巴赫推测，其原因很可能是在物体下落时除了受引力的作用外，还受到一种尚不为人所认识的作用。

迄今为止，多数科学家公认，在宇宙中存在着4种力：第一种是引力，它是一个物体或一个粒子对于另一个物体或一个粒子的吸引力，是4种力中最弱的一种；第二种力叫做电磁力，由于它的作用，形成了不同的原子结构和光的运动；第三种是强相互作用力，它把原子核内各个粒子紧紧地吸引在一起；第四种是弱相互作用力，它使物体产生某种辐射。

星际间的引力

按费希巴赫的看法，现在新发现的这种力，应该是宇宙中的第五种力，它是一种排斥力，只能在几英尺到几千英尺的有限距离内对物体起作用。这可能是以一种"超电荷"形式出现的。从实验中可以推断出，"超电荷"抵消了一部分引力的作用，从而减缓了下落物体的加速度。减速的值取决于质子和中子的比，而且和原子的总质量——即质子、中子总数加上结合能值——成反比。由于结合能的大小随原子而异，它所产生的这第五种力也就随结合能大小而异。由此得出的结论是：两个体积不同的物体，如一个体积较小的铁块和一个体积较大的木块，即使它们的重量完全一样，也将因为它们结合能的不同而以稍稍不同的速度下落。铁原子的结合能要比木原子的结合能大，所以铁块下落的速度要比木块的稍慢。

费希巴赫小组的新发现，在科学界引起了极大的兴趣。同时，围绕是否存在着第五种力，也展开了激烈的争论。

许多科学家在进行各种有关引力的实验时，也同样遇到了无法单纯以引力解释的现象，因此，一些科学家提出了一些支持费希巴赫的证据。如澳大利亚昆士兰大学的斯塔绥教授，还有美国爱克森石油公司的探油专家们。

但是，也有为数不少的科学家坚持声称他们自己的实验表明，还找不到存在新的力的证据。美国加利福尼亚大学著名物理学家纽曼就做过这样一个实验：他把扭秤放在一个钢的圆筒内，让扭秤悬挂一块铜块，铜块刚好处于圆筒中心靠边的位置，然后使它变换不同的位置。整个实验是在真空环境中并且严格排除磁场的影响下进行的。记录表明钢圆筒的引力，并没有使变动位置的铜块所受的重力产生影响。

面对双方都持有证据，又难说服对方的情况下，费希巴赫也承认，要做出定论还需要进行一系列的实验。已经有不少科学家正在摩拳擦掌，准备投入这场争论。美国舆论界认为，可能很快将掀起一个以现代先进技术重新证明伽利略论断和牛顿定律的高潮。

美国科罗拉多州的实验物理联合研究所计划重做伽利略的落体实验，并采用激光来监测物体下落的速度。他们准备把下落物体放在上个盒子的真空轴内，以免在实验时受到气流的干扰，盒子下面装一面反射镜，可将光线沿射来的方向反射回去。盒子中还另有装置，以确保在下落时，盒子及所装的各种物体保持相对稳定。物体下落时，一束激光被分割为二，有一半射向盒子，被反射回来，与另一半会合，产生出各种投影，从而可以更加准确地描绘出一个下落物体在速度增加时所受到的各种干扰情况。他们还准备在水面上进行实验，让要进行比较的试验物体浮游在水面，而不是悬在扭秤上。为了防止水中热的流动，要严格使水温保持在其密度量大时的3℃。

美国华盛顿大学的物理学家则计划把诺特费思实验移到靠近一个巨大的悬崖峭壁的地方进行，以观察一个庞大物体的质量对原子核中具有不同结合能的物体究竟有多大影响。纽曼教授也准备重复他的扭秤试验，但将试验的铜块改成由两种不同材料各居一半的一个混合物，从而判断不同材料的物体下落时是否会有不同的速度。

上述实验设想，可以证明宇宙中确实存在着一种新的力吗？许多科学家并不感到乐观。美国普林斯顿大学的一位科学家指出，证明伽利略论断的实验"在原则上是最简单的，但是在实践中是最复杂的。"因为人们在实验中很难照顾到全部复杂的因素，以及排除各种外部干扰。实验时即使近处地层发生一次难以察觉的运动,或者实验者本人引力的影响,都可能使精心炮制的各种方案功亏一篑。

科学家们对第五种力可能带来的影响的估计也不一致。多数人认为这将是物理学上的一次"革命",要动摇爱因斯坦相对论的理论基础,而且可能对今后物理学发展的方向以及新兴的航天学都会产生重大的影响。但也有人认为,这第五种力充其量是一种极其微弱,只能在局部范围起作用的现象,它不见得能动摇爱因斯坦的相对论。真的是问题众多,路途遥远。

## 知识点

### 伽利略

伽利略(1564—1642),意大利人,是近代实验物理学的开拓者。他是为维护真理而进行不屈不挠斗争的战士。他以系统的实验和观察推翻了亚里士多德诸多观点。因此,他被称为"近代科学之父"。他的工作,为牛顿的理论体系的建立奠定了基础。其成就包括改进望远镜和其所带来的天文观测,以及支持哥白尼的日心说。当时,人们争相传颂:"哥伦布发现了新大陆,伽利略发现了新宇宙"。今天,史蒂芬·霍金说:"自然科学的诞生要归功于伽利略,他这方面的功劳大概无人能及。"

## 延伸阅读

### 大引力体存在吗

1968年以来,国际天文研究小组的"七学士"(天文学家费伯和他的6位同事)在观测椭圆星系时发现,哈勃星系流正在受到一个很大的扰动。这一现象说明,我们银河系南北两面数千个星系除参与宇宙膨胀外,还以一定的速度奔向距离我们1.05亿光年的长蛇座-半人马座超星系团方向。

天文学家们经分析认为，在长蛇座-半人马座超星系团以外约5亿光年处，可能隐藏着一个非常巨大的"大引力体"。

但是，也有人否定它的存在。如伦敦大学的天文学家罗思·鲁宾逊和他的同事们，在仔细观察了国际红外天文卫星（1983年发射）发回的2 400张星系分布照片后断定，已观测到的星系团如宝瓶座、长蛇座和半人马座等，比以前人们认识的要大得多，其宽度大约有1亿光年。这些庞大的星系团中存在着足够的物质，也足以产生拉拽银河系的引力，而不是什么别的"大引力体"。

## 宇宙射线来源之谜

所谓宇宙射线，指的是来自于宇宙中的一种具有相当大能量的带电粒子流。1912年，德国科学家韦克多·汉斯带着电离室在乘气球升空测定空气电离度的实验中，发现电离室内的电流随海拔升高而变大，从而认定电流是来自地球以外的一种穿透性极强的射线所产生的，于是有人为之取名为"宇宙射线"。宇宙射线和地球的许多现象都有关系。但是直到今天，人们也无法确切说出它是什么地方产生的。

初生的地球，固体物质聚集成内核，外周则是大量的氢、氦等气体，称为第一代大气。

那时，由于地球质量还不够大，还缺乏足够的引力将大气吸住，又有强烈的太阳风（是太阳因高温膨胀而不断向外抛出的粒子流，在太阳附近的速度约为每秒350～450千米），所以以氢、氦为主的第一代大气很快就被吹到宇宙空间。地球在继续旋转和聚集的过程中，由于本身的凝聚收缩和内部放射性物质（如铀、钍等）的蜕变生热，原始地球不断增温，其内部甚至达到炽热的程度。于是重物质就沉向内部，形成地核和地幔，较轻的物质则分布在表面，形成地壳。

初形成的地壳比较薄弱，而地球内部温度又很高，因此火山活动频繁，从火山喷出的许多气体，构成了第二代大气即原始大气。

原始大气是无游离氧的还原性大气，大多以化合物的形式存在，分子量大

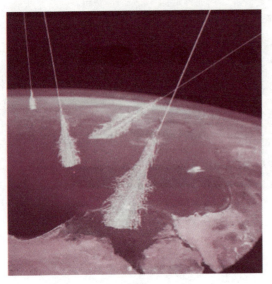

宇宙射线概念图

一些,运动速度也慢一些,而此时地球的质量和引力已足以吸住大气,所以原始大气的各种成分不易逃逸。以后,地球外表温度逐渐降低,水蒸汽凝结成雨,降落到地球表面低凹的地方,便成了河、湖和原始海洋。当时由于大气中无游离氧($O_2$),因而高空中也没有臭氧($O_3$)层来阻挡和吸收太阳辐射的紫外线,所以紫外线能直射到地球表面,成为合成有机物的能源。此外,天空放电、火山爆发所放出的热量,宇宙间的宇宙射线(来自宇宙空间的高能粒子流,其来源目前还不了解)以及陨星穿过大气层时所引起的冲击波(会产生摄氏几千度到几万度的高温)等,也都有助于有机物的合成。但其中天空放电可能是最重要的,因为这种能源所提供的能量较多,又在靠近海洋表面的地方释放,在那里作用于还原性大气所合成的有机物,很容易被冲淋到原始海洋之中。

虽然当宇宙射线到达地球的时候,会有大气层来阻挡住部分的辐射,但射线流的强度依然很大,很可能对空中交通产生一定程度的影响。比方说,现代飞机上所使用的控制系统和导航系统均由相当敏感的微电路组成。一旦在高空遭到带电粒子的攻击,就有可能失效,给飞机的飞行带来相当大的麻烦和威胁。

还有科学家认为,长期以来普遍受到国际社会关注的全球变暖问题很有可能也与宇宙射线有直接关系。这种观点认为,温室效应可能并非全球变暖的唯一罪魁祸首,宇宙射线有可能通过改变低层大气中形成云层的方式来促使地球变暖。这些科学家的研究认为,宇宙射线水平的变化可能是解释这一疑难问题的关键所在。他们指出,由于来自外层空间的高能粒子将原子中的电子轰击出来,形成的带电离子可以引起水滴的凝结,从而可增加云层的生长。也就是说,当宇宙射线较少时,意味着产生的云层就少,这样,太阳就可以直接加热地球表面。

对过去太阳活动和它的放射性强度的观测数据支持这种新的观点，即太阳活动变得更剧烈时，低空云层的覆盖面就减少。这是因为从太阳射出的低能量带电粒子（即太阳风）可使宇宙射线偏转，随着太阳活动加剧，太阳风也增强，从而使到达地球的宇宙射线较少，因此形成的云层就少。此外，在高层空间，如果宇宙射线产生的带电粒子浓度很高，这些带电离子就有可能相互碰撞，从而重新结合成中性粒子。但在低空的带电离子，保持的时间相对较长，因此足以引起新的云层形成。

此外，几位美国科学家还认为，宇宙射线很有可能与生物物种的灭绝与出现有关。他们认为，某一阶段突然增强的宇宙射线很有可能破坏地球的臭氧层，并且增加地球环境的放射性，导致物种的变异乃至于灭绝。另一方面，这些射线又有可能促使新的物种产生突变，从而产生出全新的一代。这种理论同时指出，某些生活在岩洞、海底或者地表以下的生物正是由于可以逃过大部分的辐射才因此没有灭绝。

今天，人类仍然不能准确说出宇宙射线是由什么地方产生的，但普遍认为它们可能来自超新星爆发，来自遥远的活动星系；它们无偿地为地球带来了日地空间环境的宝贵信息。科学家希望接收这些射线来观测和研究它们的起源和宇宙环境中的微观变幻。

宇宙射线的研究已逐渐成为了天体物理学研究的一个重要领域，许多科学家都试图解开宇宙射线之谜。可是一直到现在，人们都并没有完全了解宇宙射线的起源。

## 知识点

### 臭氧

1785年，德国人在使用电机时，发现在电机放电时产生一种异味。1840年法国科学家克里斯蒂安·弗雷德日将它确定为臭氧。臭氧是氧的同素异形体，在常温下，它是一种有特殊臭味的蓝色气体。臭氧主要存在于距地球表面20千米的同温层下部的臭氧层中。它吸收对人体有害的短波紫外线,防止其到达地球。但氯气和氟化物能使臭氧分解为氧,破坏了臭氧保护层,成为人类关注的重要环境问题之一。臭氧可用于净化空气,漂白饮用水,杀菌,处理工业废物和作为漂白剂。

### 黑暗伽马射线暴之谜

伽马射线暴通常被认为出现在超大质量旋转恒星崩溃形成黑洞的过程中,期间释放出接近光速的气体喷射流。伽马射线光衰减几个小时或几天后,当其中的气体被周围的物质碰撞和加热,多数伽马射线将在可见光范围内呈现出明亮光线。然而一些伽马射线暴却是黑暗状态,在光学望远镜中无法探测到。

天文学家们进一步通过夏威夷凯克天文台的10米望远镜进行观测,结果显示它们并不是完全处于黑暗状态。在观察到的14个黑暗伽马射线暴中有3个呈现昏暗的光线,像可见的晚霞,其余的11个伽马射线暴虽然处于黑暗状态,但匹配于所在的星系区域。这说明这些伽马射线暴产生的区域不会超过距离地球129亿光年,在这一区域内可见光只是转变成为更长的波长。

一些科学家猜测黑暗伽马射线暴源于超大质量恒星,这些恒星结束生命之时正值宇宙非常年轻的阶段,大约130亿年前。由于这是非常遥远的时空跨越,所以这些遥远伽马射线暴在可见光内只呈现出较红的光谱范围。但是这次发现,却又否决了这种推测,令科学家们百思不得其解。

## 神秘莫测的黑洞

1939年,美国物理学家奥本海默第一个从理论上提出了黑洞的存在。尽管他的观点在数学上无懈可击,黑洞的概念还是从一开始就受到了大多数物理学家的抵制。但却使公众着迷于黑洞这个概念。公众从未对像白矮星、中子星这些重要的恒星产生兴趣，而黑洞则像彗星一样吸引住了公众的注意力。很奇怪，顶尖的物理学家已为黑洞这一问题苦思冥想了几十年，并且仍在继续着。事实上，公众对黑洞的关注是因为我们很难解释它，这使黑洞成为我们知识的空白，促使每个人都能自由地发挥他们的想象。

许多黑洞的定义都集中在说明它的引力场非常强，以致任何东西甚至光都无法逃离它。让我们问一个简单的问题：黑洞有多大？

理论上，任何东西都能变成一个黑洞。比如，一颗恒星、一颗卫星、高楼大厦、一头大象，你，或者我，只要有足够的力

黑 洞

施加到这个物体上，把它压缩至它的引力场强到可以使空间弯曲、俘获光，这样它就变成了一个黑洞。你和我都将变成一个小黑洞，只要我们只有一个电子的十亿分之一大。如果要使地球变成一个黑洞，那么地球就必须比乒乓球还要小。如果要使太阳成为一个黑洞，其半径将只有 2.4 千米。

实际上，太阳不会变成黑洞，你和我也不会。我们都没有大到可以成为黑洞，而有些恒星大到不可避免地会变成黑洞。正如科学家费里斯在《全部家当》中解释的那样，"每颗健康的恒星都代表两种相反力的平衡。引力要使恒星坍缩。恒星的核产生的向外热辐射，使恒星向外扩张。在向内的引力和向外的热辐射的作用下，处于平衡状态的恒星会有规律地跳动。跳动的脉搏由一种美妙的反馈机制来调节。"这种热和引力间的反馈机制能使恒星燃烧很长时间，对于太阳这将是 100 亿年，这是太阳寿命的一半。恒星核中的核燃料维持着这种反馈机制，它的燃烧率与恒星质量的立方成正比。这样，如果一个恒星的质量是太阳质量的 10 倍，那么它的燃烧率就是太阳的 1 000 倍，燃烧得更明亮，但也更短。对于任何尺寸的恒星，只要热和引力之间的平衡被打破，坍

缩就将是不可避免的了。

尺寸像太阳那么大或质量只有太阳质量5/7的恒星将变成白矮星。白矮星大小如地球，却具有太阳那么大的质量，它将不再坍缩，因为电子防止了恒星密度的增加。更大的恒星将坍缩得更厉害，常缩小到直径只有16.1千米，它们被称为"中子星"，因为它们的核是由电中性的亚原子粒子组成的。中子星旋转得非常快，能达到1000周/秒，如果它们还有一个磁场的话，那么它们将产生很强而又短促的无线电波束，这使它们得到了"脉冲星"的名称。

更大的恒星可能具有很大的质量，以致它们演化成的白矮星或中子星会继续坍缩下去，这样就将形成黑洞。任何物体包括光，都逃不脱黑洞的吸引，只要它们离黑洞的视界足够接近，它们就会被吞噬。支配宇宙的正常的引力规律在视界处转变为支配黑洞的规律。黑洞是这样一个奇点，在其内部区域特殊的规律起着作用。已有许多不同的理论尝试着详细说明黑洞内部所发生的一切。一些宇宙学家认为，任何掉入黑洞的物体将被拉长，像面条一样，而另一些人则想象着通过黑洞旅行到另一个不同世界的可能性。许多聪明的人为此做了无数的计算，但遗憾的是，还没有人真正知道将发生什么。考虑到宇宙大爆炸理论的某些方面，我们所面对的奇点为描述黑洞提供了一些线索。不管对黑洞的数学描述有多么精致，它只是一个想象的现实。

天文学家观测黑洞存在一个固有的问题。从黑洞的定义可知，它们不能被观测到，只能从它们周围的其他恒星和星系的表现来推断黑洞的存在。随着1994年对哈勃望远镜的修复和X射线望远镜的发展，人们不断进行观测，积累有用的信息。20世纪90年代后半期和2000年初，根据记录的数据，许多有关黑洞的预言都被证实。几乎所有的宇宙学家都认为我们已拥有了证明黑洞存在的证据。然而事情常常是这样的，当不断获得新的信息时，它在解决问题的同时也不断地带来新的问题。

自1974年天鹅座X-1被普遍认为是黑洞的最佳候选者以来，天文学家就一直在这方面不懈地努力着。天鹅座X-1是一个由两颗恒星组成的双星系统，这样的系统在宇宙中很常见，但天鹅座X-1的特别之处在于：用光学手段进行观测时，一颗恒星很亮，但用X射线进行观测时就变得很暗了；另一颗正好相反，光学观测时很暗，X射线观测时就很"亮"。前一颗恒星看来在绕后一颗旋转。利用数学公式，会发现那颗暗星太重，不会是中子星，非常可能是一个黑洞。

天鹅座X-1是黑洞这一结论，既有从哈勃望远镜得到的光学观测证据，也有X射线观测证据。其他的新信息更具有挑战性。正如一些天文学家所预言的，20世纪90年代后期的观测证据表明存在两种不同的黑洞。科学家正在找的不光是具有天鹅座X-1这样典型双星系统质量的黑洞，还包括质量为10亿倍太阳质量的黑洞。这样的超级黑洞不断在星系中心被发现，到2001年为止已发现了30个。这些都是通过测量黑洞周围被黑洞所吞噬的高速旋转气体的速度得到的。

结果表明，星系越大，其中心的黑洞就越大。并且，这些超级黑洞好像只存在于椭圆状星系的中心，而且星系中心有一个致密的恒星群突起，没有中心突起的星系则没有黑洞。银河系有一个相对较小的中心突起，它有黑洞，但黑洞的质量只有几个太阳那么大。不管黑洞很大，还是相对较小，从所观测到的数据来看，黑洞的质量只相当于星系中心突起部分质量的0.2%。

宇宙学家检验着这些证据，并越来越确信黑洞可能是形成它周围星系的种子。在一个小组发现了3个超级黑洞后，小组的领导、美国密歇根大学的里奇斯通于2000年1月说道："不知何故，这些黑洞在决定它们的质量时，它们似乎知道它们所处的星系的质量；或者，当星系正在形成时，它知道它周围黑洞的质量。"在量子层次上，人们早就认识到电子能知道彼此在做些什么，但在星系尺度上发生这种情况同样使宇宙学家感到既神秘又兴奋。现在，这就是一个先有鸡还是先有蛋式的争论：是先有星系还是先有黑洞呢？有些科学家认为先有黑洞，另一些科学家则认为它们是交错发展的。

渐渐地，越来越多的科学家开始认为确实存在黑洞。但直到20世纪90年代后期，哈勃望远镜才开始清晰地观测星系，确定黑洞的存在。然而，黑洞仅仅是刚刚开始透露它们的秘密，与此同时它们又在增加新的秘密。它们是揭开宇宙如何工作之谜的钥匙，在以后相当长的一段时间内，它们所带来的答案会跟它们所产生的复杂问题一样多。

## 知识点

### 奥本海默

奥本海默（1904-1967），美籍犹太裔物理学家。曼哈顿计划的主要领导者之一，被誉为"原子弹之父"。他天资聪颖，兴趣广泛，幼时广泛涉猎文学、哲学、语言学等领域。1925年，他提前以优异的成绩毕业于哈佛大学，并被推荐来到剑桥三一学院。其后，他又转战当时欧洲理论物理学研究中心之一的德国哥廷根大学。1927年夏，奥本海默学成归国，先去哈佛大学，然后到伯克利加州大学和帕萨迪纳加州理工学院任教。1942年，奥本海默被任命为第二次大战时洛斯阿拉莫斯实验室主任，负责制造原子弹的"曼哈顿计划"的技术领导。

## 延伸阅读

### 黑洞连接另外的时空吗

原先人们认为黑洞不多，但科学家发现在宇宙尺度上，黑洞几乎"无所不在"。仅在我们生活的银河系就有不少。日本科学家发现银河系中心存在24个黑洞，其质量分别相当于太阳的3 200倍到125万倍不等。

不过尽管黑洞很多，科学家发现的黑洞的个头却呈现出两个极端的分布，大的很大，小的很小，缺乏中间过渡层次。大的就是超巨黑洞，它一般存在于星系的中心，质量达到太阳的数百万甚至数十亿倍。小的黑洞质量与太阳基本处于一个数量级，据认为主要由质量相当太阳10倍左右的恒星发生超新星爆炸后形成。

黑洞研究引起人们兴趣的一个重要原因是，时间和空间在黑洞中消失，这意味着通过黑洞有可能将我们现在的时间和空间连接另外一个时间和空间,时间旅行有可能实现。如果按照包括霍金等人的假说我们的宇宙不是时空4维,而是11维的话,那么黑洞有可能是通往其他7维的通道。黑洞留下很多谜,很值得我们进一步探索。

## 黑洞蒸发之谜

黑洞是宇宙中最奇特和神秘的天体,它是超强引力源,时空的扭曲者,其超强引力使得连宇宙中跑得最快的光都会被它拉住,逃不出它的"魔掌",它是在时间和空间中形成的"洞"。它在不断地吸积着周围的物质,质量不断增加,它是空中的"强盗",光子的"牢笼"。它又贪得无厌,永不停息地吞噬着周围的一切,这就是黑洞的经典图像。

然而在1974年,斯蒂芬·霍金首次发现了黑洞的蒸发现象,从而改变了黑洞的经典图像:黑洞已不是完全"黑"的,也不单纯是个"洞",它既可以通过吸积物质使质量增加,也可以向外发射物质,使质量减小。

在量子力学里,真空并不意味着没有任何场、粒子或能量。量子真空是一种能量为最低的状态,它只是被称作"真空"而已,实际上能量为零的状态是不存在的。

时间和能量的测不准

史蒂芬·霍金

原理解释了为什么真空不空。由于质量与能量的等价性，真空中的能量涨落就可以导致基本粒子的生成。1928年，英国理论物理学家保罗·狄拉克发现，每一种基本粒子都有一种对应的反粒子，二者质量相同，其他性质呈"镜像"对称。两者相遇，就会相互湮灭，将质量转化为能量。因此，一个粒子和它的反粒子就表示相当于它的静质量的两倍的能量；相反，一定的能量也可以被看作是一对正反粒子。由于能量涨落而躁动的量子真空就成了所谓"狄拉克海"，其中遍布着自发出现而又很快湮没的正反粒子对。在不存在任何力的量子真空中，粒子对不断地产生和消灭，所以平均而言，没有任何粒子或反粒子真正产生或是消灭。由于这些粒子瞬时存在，不能被直接观测到，所以又被称为虚粒子（可以是虚光子、虚电子、虚质子等）。其实虚粒子和实粒子并没有本质的区别，只是虚粒子没有足够的能量，存在的时间极短，如果它能从外界获得能量，就可以存在足够长的时间而升格为实粒子。设想有一电场，作用在真空上。当一对正负电子在真空中出现时，它们就会被电场沿相反的方向分离。如果电场足够强，它们就会分离得足够远，以至于不能再相互碰撞和湮灭。这时的虚粒子就成为实粒子，这时的真空就被称为是极化的。

但是，真空是不容易被极化的，只有很高的能量密度才能使虚粒子对分离和实粒子出现。产生极化所需的能量的形式并不重要，它们可以是电能、磁能、热能、引力能等。

测不准原理告诉我们，真空中到处存在着虚粒子的海洋。这种紧张的量子行为的虚粒子海洋同样也出现在黑洞事件视界周围的空间区域。

由于所有形式的能量都等价于质量，所以我们当然会想到引力能也会被自发地转变成粒子。霍金发现，对于微黑洞来说，量子真空会被它周围的强引力场所极化（这一点是至关重要的），在狄拉克海里，虚粒子对在不断产生和消失，一个粒子和它的反粒子会分离一段很短的时间，于是就有4种可能性：两个伙伴重新相遇，并相互湮灭（过程Ⅰ）；反粒子被黑洞捕获，而正粒子在外部世界显形（过程Ⅱ）；正粒子被捕获而反粒子逃出（过程Ⅲ）；双双落入黑洞（过程Ⅳ）。霍金计算了这些过程发生的概率，结果发现过程Ⅱ最为常见。由于有倾向地捕获反粒子，黑洞自发地损失了能量，也就是损失了质量。由于微黑洞的尺度与基本粒子相当，能量的"跃迁"可能足以使粒子运动一段大于视界半径的距离，其结果就是粒子逃出，在外部观测者看来，黑洞在不断地蒸发，即发出粒子流。其实粒子并没有真的跳过视界"墙"，而是从一个由测不准原理短暂地打通的"隧道"穿过。这样的过程反反复复在黑洞视界的周围发生，从而形成一股不断的辐射流，于是黑洞发光了。

霍金的计算表明，黑洞的蒸发辐射具有黑体的所有特征。它赋予了黑洞一个真实的、在整个视界上同一的、直接由视界处的引力场强度来决定的温度。

对史瓦西黑洞来说，温度与质量成反比。质量与太阳一样的黑洞，其温度是微不足道的，仅开氏温标的（即绝对零度以上）$10^{-7}$K。虽然不是零，但小得可怜；黑洞并不是完全的黑，但一点也不亮。很遗憾，这样微弱低温的辐射是不可能在实验室中探测出来的。霍金的计算还有一个重要发现：黑洞的质量越小，温度越高，辐射也越强。显然，蒸发只有对微型黑洞来说才有特别的影响，而微型黑洞的温度是很高的。在黑洞中，质量越大的黑洞，温度越低，蒸发得越慢；质量越小的黑洞，温度越高，蒸发得也越快。对于微黑洞来说，温度非常之高，可达千万K甚至上亿K，随着蒸发的加剧，质量丢失得很快，温度会迅猛地上升，随着温度上升的加快，质量丢失得就更厉害，这种过程会以疯狂的形式演变，最终黑洞被摧毁，以猛烈的爆发而告终，所有粒子都得到了大赦（对巨型黑洞来说发射粒子的过程十分缓慢，相当于蒸发；而对微型黑洞来说，发射粒子的过程十分迅猛，相当于爆发）。对于星系中心的巨型黑洞来说，其蒸发的过程将远远超出宇宙的年龄，即使宇宙有足够长的寿命，并且不回缩，那么这类黑洞最终也还是要蒸发掉。不过这类黑洞目前还是以吸积为主，而且吸积远大于蒸发。只有当宇宙后来的温度降到比这类黑洞的温度还低时，它们才开始以蒸发为主。然而这个过程太漫长了，即使等到它们开始蒸发，也将远远超出宇宙的年龄，它们要蒸发完毕，大约要$10^{99}$年！

黑洞蒸发的最后结果目前还不得而知。也许有人会认为视界消失后会留下一个裸露的中心奇点，但这是经典的看法，可能是错误的。如果它由辐射自己的质量而完全蒸发掉，应该说时空就会成为平直。

霍金是当代最伟大的科学家，他的探索和发现一直站在现代科学的前沿。但是他也不知道黑洞蒸发会有什么结果。这些我们也只能等着瞧了。

## 知识点

### 霍金

斯蒂芬·霍金，1942年生于英国牛津，是英国剑桥大学应用数学及理论物理学系教授，当代最重要的广义相对论和宇宙论家，被称为"宇宙之王"。20世纪70年代他与彭罗斯一起证明了著名的奇性定理，为此他们共同获得了1988年的沃尔夫物理奖。他因此被誉为继爱因斯坦之后世界上最著名的科学思想家和最杰出的理论物理学家。他还证明了黑洞的面积定理，即随着时间的增加黑洞的面积不减。霍金超越了相对论、量子力学、大爆炸等理论而迈入创造宇宙的"几何之舞"。尽管他那么无助地坐在轮椅上，他的思想却出色地遨游到广袤的时空，解开了宇宙之谜。2012年1月8日霍金预言，地球将在千年内面临核战之类的大灾难，人类只有在火星或太阳系其他星球殖民，才能避免灭绝。

## 延伸阅读

### 黑洞会爆炸吗

黑洞会发出耀眼的光芒，体积会缩小，甚至会爆炸。当英国物理学家斯蒂芬·霍金于1974年做此预言时，整个科学界为之震动。

霍金的理论是受灵感支配的思维的飞跃，他结合了广义相对论和量子理论。他发现黑洞周围的引力场释放出能量，同时消耗黑洞的能量和质量，我们可以认定一对粒子会在任何时刻，任何地点被创生，被创生的粒子就是正粒子与反粒子，而如果这一创生过程发生在黑洞附近的话就会有两种情况发生：两粒子湮灭；一个粒子被吸入黑洞。我们具体解释一下"一个粒子被吸入黑洞"

这一情况：在黑洞附近创生的一对粒子，其中一个反粒子会被吸入黑洞，而正粒子会逃逸，由于能量不能凭空创生，我们设反粒子携带负能量，正粒子携带正能量，而反粒子的所有运动过程可以视为是一个正粒子的为之相反的运动过程，如一个反粒子被吸入黑洞可视为一个正粒子从黑洞逃逸。这一情况就是一个携带着从黑洞里来的正能量的粒子逃逸了，即黑洞的总能量少了，而爱因斯坦的公式 $E=mc^2$ 表明，能量的损失会导致质量的损失。当黑洞的质量越来越小时，它的温度会越来越高。

这样，当黑洞损失质量时，它的温度和发射率增加，因而它的质量损失得更快。这种"霍金辐射"对大多数黑洞来说可以忽略不计，因为大黑洞辐射得比较慢，而小黑洞则以极高的速度辐射能量，直到黑洞的爆炸。

## 理论上的"白洞"存在吗

20世纪60年代，黑洞的观测已引起人们的注意。这时，依据广义相对论，人们又提出了一种"白洞"理论。

物理学界和天文学界将白洞定义为一种致密物体，其性质与黑洞完全相反。白洞并不是吸收外部物质，而是不断地向外围喷射各种星际物质与宇宙能量，是一种宇宙中的喷射源。简单地说，白洞可以说是时间呈现反转的黑洞，进入黑洞的物质，最后应会从白洞出来，出现在另外一个宇宙。由于具有和"黑"洞完全相反的性质，所以叫做"白"洞。它有一个封闭的边界。聚集在白洞内部的物质，只可以向外运动，包括基本粒子和场，而不能向内部运动。因此，白洞可以向外部区域提供物质和能量，但不能吸收外部区域的任何物质和辐射。白洞是一个强引力源，其外部引力性质与黑洞相同。白洞可以把它周围的物质吸积到边界上形成物质层。白洞学说主要用来解释一些高能天体现象。目前天文学家还没有实际找到白洞，还只是个理论上的名词。白洞是理论上通过对黑洞的类比而得到的一个十分"学者化"的理论产物。

白洞学说出现已有一段时间，1970年有学者便提出它们存在于类星体，剧烈活动的星系中的可能性。相对论和宇宙论学者早已明白此学说的可能性，只是这与一般正统的宇宙观不同，较不易获得承认。某些理论认为，由于宇宙物体的激烈运动，或者星系一部喷出的高能小物体，它们遵守着开普勒轨道运动。这是一种高度理想化的推测，亦即一个地方有几个白洞，在星系核心互相旋转，偶然喷出满天星斗。喷出的白洞演化成新星系。而从星系团的照片中可观察到一系列的星系由物质连接起来。这显示它们是由一连串剧烈喷射所形成的。照此来说，白洞可能会像阿米巴原虫一样分裂生殖，由分裂而形成星系。然而这又和目前的理论相违背。

从此看来，就是星系生成也有不同见解。有的天文学家便提出并接受宇宙之初便有不均匀物质的结块，而其中便包含了白洞。宇宙向最初奇点收缩，星系、星系群都同一动作，这当然和黑洞的奇点相似。宇宙的不同区域，其密度皆不同，收缩时首先在高密度的地方，达到了黑洞的临界密度，从此消失在事界之后，宇宙不断收缩，使不断出现高密奇点。宇宙成为大量黑洞及周围物质的集合体。然而事实上，宇宙是膨胀而非收缩的，因此它是白洞而不是黑洞。在宇宙整体性源始的大奇点中存在着密度高的小质点，它们随着膨胀向四面八方扩散，大白洞大量爆发生出小白洞。星系等不均匀物体，正是由它生成的。不均匀物体之所以易和黑洞拉上关系，皆是因为它和膨胀现状相对称的宇宙中局部收缩的过程。目前宇宙中黑洞和白洞的存在是并行不悖的，是过程的两个端点而已。黑洞奇点是物质末期塌缩的终点，白洞物质的奇点是星系的始端。只不过各过程不是同时，而是先后交错的。

**白洞设想图**

科学家们普遍认为，自从大爆炸以来，我们的宇宙在不断膨胀，密度在不断减少。因此，现在正在膨胀着的天体和气体乃至整个宇宙，在200多亿年以前，是被禁锢在一个"点"（流出奇点）上，原始大爆炸后，开始向外膨胀，当它们冲出

"视界"的外面，就成为我们看得见的白洞。

与上述相反的一种观点认为，由于原始大爆炸的不均匀性，一些尚未来得及爆炸的致密核心可能遗留下来，它们被抛出以后仍具有爆炸的趋势，不过爆炸的时间推迟了，这些推迟爆发的核心——"延迟核"就是白洞。

也有人认为，白洞可能是黑洞"转化"而来。就是说，当黑洞的坍缩到了"极限"，就会经过内部某种矛盾运动质变为膨胀状态——反坍缩爆炸，这时它便由向内积吸能量，转变为从中心向外辐射能量了。

最富吸引力的一种观点认为，像宇宙中有正负粒子一样，宇宙中也一定存在着与黑洞（负洞）相同，而性质相反的白洞（正洞）。它们对应地共生在某个宇宙膨胀泡的泡壁上，分属两个不同的宇宙。

由于我们的宇宙中存在着10万多个黑洞，同样也可能存在着数目相等的白洞。于是，在宇宙继续膨胀过程中，白洞周围一些质量稍许密集区域就变得更加密集；黑洞周围的一些质量稍微稀薄的区域就变得更加空虚。这些大片空虚的区域就是空洞。

到目前为止，"白洞"还只是个理论名词，科学家并未实际发现。在技术上，要发现黑洞，甚至超巨质量黑洞，都比发现白洞要容易的多。也许每一个黑洞都有一个对应的白洞！但我们并不确定是否所有的超巨质量的"洞"都是"黑"洞，也不确定白洞与黑洞是否应成对出现。但就重力的观点来看，在远距离观察时两者的特性则是相同的。

当人们有了很复杂的数学工具来分析这些相关方程式，他们发现了更多。在这个简单的情形下时空结构必须具备时间反演对称性，这意味着如果你让时间倒流，所有一切都应该没什么两样。因此如果在未来某个时刻光只能进不能出，那过去一定有个时刻光只能出不能进。这看上去就像是黑洞的反转，因此人们称之为白洞，虽然它只是黑洞在过去的一个延伸。

但在现实中，白洞可能并不存在，因为真实的黑洞要比这个广义相对论的简单解释所描述的要复杂得多。它们并不是在过去就一直存在，而是在某个时间恒星坍塌后所形成的。这就破坏了时间反演对称性，因此如果你顺着倒流的时光往前看，你将看不到这个解中所描述的白洞，而是看到黑洞变回坍塌中的恒星。

我们知道，由于黑洞拥有极强的引力，能将附近的任何物体一吸而尽，而且只进不出。如果，我们将黑洞当成一个"入口"，那么，应该就有一个只出不进的"出口"，就是所谓的"白洞"。黑洞和白洞间的通路，也有个专有名词，叫做"灰道"（即"虫洞"）。虽然白洞尚未发现，但在科学探索上，最美的事物之一就是许多理论上存在的事物后来真的被人们发现或证实。因此，也许将来有一天，天文学家会真的发现白洞的存在。

## 知识点

### 开普勒

开普勒（1571-1630），德国天体物理学家、数学家、哲学家。他首先把力学的概念引进天文学，他还是现代光学的奠基人，制作了著名的开普勒望远镜。他发现了行星运动三大定律，为哥白尼创立的"太阳中心说"提供了最为有力的证据。他被后世誉为"天空的立法者"。

## 延伸阅读

### 开普勒的《梦》

1600年，开普勒出版了《梦》一书，这是一部纯幻想作品，说的是人类与月亮人的交往。书中谈到了许多不可思议的东西，像喷气推进、零重力状态、轨道惯性、宇宙服等等，人们至今不明白，近400年前的开普勒，他是根据什么想象出这些高科技成果的。尽管开普勒的书是纯幻想作品，但它一定有一些背景来源，比如像毕达哥拉斯的话或古希腊神话。

## 虫洞是穿越时空的隧道吗

几十年前,大科学家爱因斯坦提出了宇宙"虫洞"理论。可到底什么是"虫洞"呢?

简单地说,"虫洞"是连接宇宙遥远区域间的时空隧道,它可以把平行宇宙和婴儿宇宙连接起来,并提供时间旅行的可能性。

在不平坦的宇宙时空中,黑洞视界内的部分会与宇宙的另一个部分相结合,然后在那里产生一个洞。这个洞可以是黑洞,也可以是白洞。这个弯曲的视界,叫做史瓦西喉,它是一种特定的虫洞。

虫洞连接黑洞和白洞,在黑洞与白洞之间传送物质。在这里,虫洞成为一个爱因斯坦—罗森桥,物质在黑洞的奇点处被完全瓦解为基本粒子,然后通过这个虫洞(即爱因斯坦—罗森桥)被传送到白洞并且被辐射出去。

虫洞还可以在宇宙的正常时空中显现,成为一个突然出现的超时空管道。

虫洞没有视界,它只有一个和外界的分界面,虫洞通过这个分界面进行超时空连接。虫洞与黑洞、白洞的接口是一个时空管道和两个时空闭合区的连接,在这里,时空曲率并不是无限大,因而我们可以安全地通过虫洞,而不被巨大的引力摧毁。

婴儿宇宙

我们对黑洞、白洞和虫洞的本质了解还很少,它们还是神秘的东西,很多问题仍需要进一步探讨。天文学家已经间接地找到了黑洞,但白洞、虫洞并未真正发现,还只是一个经常出现在科幻作品中的理论名词。

虫洞也是霍金构想的宇宙期存在的一种极细微的洞穴。科学家认为,在爆炸以前的初期宇宙中，虫洞连接着很多的宇宙，很巧妙地将宇宙项的大小调整为零。结果，由一个宇宙可能产生另一个宇宙，而且，宇宙中也有可能有无数个这种微细的洞穴，它们可通往一个宇宙的过去及未来，或其他的宇宙。

物理学家一直认为，虫洞的引力过大，会毁灭所有进入它的东西，因此不可能用在宇宙旅行之上。但是，假设宇宙中有虫洞这种物质存在，那么就可以有一种说法：如果你于12：00站在虫洞的一端（入口），那你就会于12：00从虫洞的另一端（出口）出来。

随着科学技术的发展，新的研究发现，"虫洞"的超强力场可以通过"负质量"来中和，达到稳定"虫洞"能量场的作用。

科学家认为，相对于产生能量的"正物质"，"反物质"也拥有"负质量"，可以吸去周围所有能量。像"虫洞"一样，"负质量"也曾被认为只存在于理论之中。不过，世界上的许多实验室已经成功地证明了"负质量"能存在于现实世界，并且通过航天器在太空中捕捉到了微量的"负质量"。

据美国华盛顿大学物理系研究人员的计算，"负质量"可以用来控制"虫洞"。他们指出，"负质量"能扩大原本细小的"虫洞"，使它们足以让太空飞船穿过。他们的研究结果引起了各国航天部门的极大兴趣。

科学家认为，如果实验成功，人类将不会再被"困"在地球上。未来的太空航行如果能使用"虫洞"，那么一瞬间就能到达宇宙中遥远的地方。

据科学家观测，宇宙中充斥着数以百万计的"虫洞"，但很少有直径超过10万千米的，而这个宽度正是太空飞船安全航行的最低要求。"负质量"的发现为利用"虫洞"创造了新的契机，可以使用它去扩大和稳定细小的"虫洞"。如果把"负质量"传送到"虫洞"中，把"虫洞"打开，并强化它的结构，使其稳定，就可以使太空飞船通过。

虫洞真的是宇宙中穿越时空的隧道吗，听起来有些耸人听闻，但未必不是真实的，当然这需要科学的验证，在没有得到验证前，谁又能说不正确呢？

## 知识点

### 婴儿宇宙

宇宙不是无限的，而是有一个时间上的起点，在那个起点时间发生宇宙大爆炸，形成了现在的宇宙，迄今约137亿年，仿如人类发育的婴儿时期，故此得名婴儿宇宙。借助美国宇航局的微波背景辐射探测器，一个国际天文学家小组新获得了"婴儿期"宇宙迄今最精细的照片，为宇宙大爆炸理论提供了新的依据。

### 人类能否穿越宇宙

人类到达的最远地方是月球，第一次登月共用了4天又19小时45分钟，这个速度每秒仅9千米。这样的速度到达火星这个近邻就得用近半年的时间，到达海王星需要13年。

如果"旅行者"2号以每小时5.8万千米的第三宇宙速度向太阳系里最近的邻居飞去，那么也要8万年才能到达。按照这个速度，飞渡银河系需要20亿年。如果以相对论所预言的最高速度——光速前进，越过银河系也得花10万年的时间。走到我们现今测到的宇宙边缘地带要用200亿年！

在相对论发展早期，爱因斯坦和彭加勒讨论过超光速粒子——快子的可能性。20世纪70年代，科学界已经产生出一些比较成型的理论，对物质在超光速状态下，质量、时间和长度变换等项特征提出了比较明确的概念。

我们知道，在光速条件下，质量与速度的关系是成正比的。速度愈大，质量就愈大。当速度趋于光速时，质量趋于无穷大。在超光速的情况下恰恰相反,速度愈大,质量愈小。从光速开始当速度逐渐增大时,质量从无穷大逐渐减小,速度增至无穷大,质量减到无穷小。由此可以看出,如果进入超光速飞行,飞得越快,反而能耗越小。如果能够实现超光速飞行,人类或许就能够穿越200亿光年的宇宙了。

# 银河系的弯曲与旋臂之谜

### 弯曲的银河系

银河系是一个巨大的,由数千亿颗恒星组成的星系。它的中心部分凸出,像一个很亮的圆盘,直径约为2万光年,厚1万光年,平均宽度约为20光年。这个区域由高密度的恒星组成,银河晕轮弥散在银盘周围的一个球形区域内,银晕直径约为9.8万光年,这里恒星的密度很低,分布着一些由老年恒星组成的球状星团。在银河中还可以看到许多暗带,是大量的星际介质和暗星云。

早在半个世纪前,科学家就已经发现了银河系"弯曲"的特性,但是始终未能弄清楚银河系弯曲的原因。

一个由意大利和英国天文学家联合组成的国际小组在分析银河系复杂的构造时,追溯到了银河系外层星盘状形成的起源,并且对于银河系星盘的弯曲情况提供了确凿的证据,这一弯曲度比人们原来想象的至少要多出70%。科学家们对银河系星盘结构,特别是其中的弯曲部分进行了重新构造。通过观察发现,这种弯曲是由于银河系星盘在第一、第二银河经度象限时向上凸翘。

科学家观察还发现,银河系弯曲区域面积广阔,方圆约有2万光年。1光年为10万亿千米,代表一束光一年内在真空里传播的距离。而分布在银河系中的氢气层形状弯曲尤为明显。

为判定银河系变形原因,科学家对弯曲区域的氢气流情况加以研究。结果又让他们吃了一惊。他们发现,银河系不但弯曲变形,而且还以3种模式颤动,一种模式是像一只碗,银道面弯成一圈,另一种像一具马鞍,第三种像一顶浅顶软呢帽的边缘,背面是弯曲的,正面是垂直向下的,就像"鼓面振动"。

科学家将银河出现异象的外因归咎于银河系"邻居"大小麦哲伦星云。麦哲伦星云环绕银河系运行，运行一周时间为15亿年。

银河系被大量暗物质所环绕，当大小麦哲伦星云环绕银河系运行时，引起暗物质激荡，导致银河系变形。暗物质无法为人类肉眼所见，但宇宙空间的90%由其组成。

科学家根据研究成果制作了一个银河系"变形"的电脑模型。模型显示，当麦哲伦星云沿轨道环绕银河系运行时，由于暗物质受激运动，银河系发生弯曲。

科学家过去从质量角度认为，麦哲伦星云质量并不大，只有银河系的2%，这样小的质量不足以影响银河系形态。因此，麦哲伦星云因为质量较小曾一度被排除在嫌疑之外，科学家认为幕后一定有一个拥有2 000亿个恒星的大星系影响银河系的形态。

科学家认为，电脑模型揭示了暗物质的重要作用。银河系的暗物质尽管无法为肉眼所见，其质量20倍于银河系其他可见物质。当麦哲伦星云穿过暗物质时，暗物质运动使星云对银河系的引力影响进一步扩大。就像"船只行驶过洋面"，引起的波浪威力强大，足以使整个银河系弯曲并振动不已。

持反对意见的人则认为，银河系发生形变可能与自身的运动轨迹、能量变化有关。

究竟是是什么原因导致银河系"水波吹皱"，出现变形呢？迄今为止，还是一个谜。

### 银河系的旋臂

星系分为4类，其中不规则星系占3%，椭圆星系占17%，漩涡和棒旋星系占80%。银河系属漩涡星系中的第二类。

20世纪30年代，人们开始破解银河系结构之谜。20世纪40年代，荷兰科学家赫尔斯特认为冷氢能发出一种射电辐射。当时德国占领着荷兰，科研陷于停顿。到1951年，探测这种辐射的工作由美国天文学家尤恩和珀塞尔完成。

这项探测工作非常重要，在测定氢云的分布和运动的基础上，揭示了银河系的螺旋结构，进而发现许多河外星系也是螺旋结构。

到现在为止，人们已发现银河系有4条对称的旋臂，即靠近银心方向的人

银河系的旋臂

马座主旋臂，猎户座旋臂和英仙座旋臂，太阳就位于猎户座旋臂的内侧。20世纪70年代期间，人们探测银河系一氧化碳分子的分布，又发现了第四条旋臂，它跨越狐狸座和天鹅座。1976年，两位法国天文学家绘制出这4条旋臂在银河系中的位置，这是迄今最好的银河系旋涡结构图像。

为什么银河系会存在旋涡结构呢？一般说法是由于银河系的自转。20世纪20年代，荷兰天文学家奥尔特证明，恒星围绕银心旋转就像行星围绕太阳一样，并且距银心近的恒星运动得快，距离远的运动得慢。他算出太阳绕银心的公转速度为每秒220千米，绕银心一周要花2.5亿年。

为什么会存在旋臂构造呢？按说，这些旋臂随银河系运转应越缠越紧。太阳绕银心已转了约20周了，应缠得很紧了，看不到旋臂了。为此，1942年，瑞典天文学家林德布拉德提出"密度波"概念。1964年，美籍华裔科学家林家翘发表了系统的密度波理论，初步解释了旋臂的稳定性。

1982年，美国天文学家贾纳斯和艾德勒完成对银河系434个银河星图的图表绘制，发表了了每个星团的距离和年龄。他们发现，银河系并没有旋涡结构，而只是一小段一小段地零散旋臂，旋涡只是一种"幻影"，这是因为银河系各处产生的恒星总是沿银河系旋转方向形成一种"串珠"。而不断产生的新恒星连续地显现着涡旋的幻影。

这的确是一次严重的挑战，至今还难于回答银河系究竟有没有旋涡结构？是大尺度连续的双臂或四臂结构，还是零散的局部旋臂？

## 知识点

### 林家翘

林家翘（1916—），生于北京，美籍华裔应用数学家、物理学家、天文学家。1937年毕业于清华大学。林家翘教授是国际公认的力学和应用数学权威。20世纪40年代开始，他在流体力学的流动稳定性和湍流理论方面的工作带动了一代人的研究和探索。他发展了平行流动稳定性理论，确认流动失稳是引发湍流的机理。他和冯·卡门一起提出了各向同性湍流的湍谱理论。从20世纪60年代起，他进入天体物理的研究领域，创立了星系螺旋结构的密度波理论。在应用数学方面，他的贡献是多方面的，其中尤为重要的是发展了解析特征线法和WKBJ方法。在美国有人将他誉为"应用数学之父"，有人说"他使应用数学从不受重视的学科成为令人尊敬的学科"。

## 延伸阅读

### 奇特的"侏儒小人"

1914年，天文学家在银河系南天船底星座 η 中发现了一个奇形怪状的小尘埃云。于是，便给他取了一个有趣的名字：侏儒小人。这个小人"斜躺"在天上，它的头在右上方，腿在左下方。之所以说它形状奇特，是因为它无一定大小。据科学家观测，这个"小人"在逐渐长大，它的质量已达到太阳质量的10倍。在星体周围有一个厚环，从地球上看去，像一个卵。环中集聚的物质形成了"小人"的头和肢体。

这个奇妙的"小人"星云是从哪里来的呢？天文学家推测它可能是19世纪40年代船底座 η 星激变时，从星体抛射出来的尘埃和气体。

"小人"星云的中心星船底座 η（距地球 9000 光年），也是个变幻莫测的星体。17 世纪初叶，它只是一颗较暗的四等星。200 多年后，即 19 世纪 20 年代，它却突然变亮了 20 多倍，一直辉耀了 40 多年。1834 年 3 月的一次壮观的爆发中，亮度高达一等星，一跃成为全天仅次于亮星冠军天狼星的第二颗最亮的星。可到了 19 世纪 60 年代，它的亮度又莫名其妙地骤降到肉眼看不见的八等星。自这次迅速"褪色"后，又开始逐渐变亮，如今成了肉眼可见的六等星。

# 太阳系行星概述

我们人类生活在日地月系统中的地球上,作为一个地球人,我们最熟悉同我们关系最密切的天体莫过于太阳和月亮了。太阳在白天普照地球上的万物,给人类创造一切最基本的生存资料;月光在夜晚照进人心,给人类提供的是心灵的滋养、梦幻的素材。

说起来,太阳、月球和地球是我们最熟悉的天体,实际上,我们对太阳和月球,甚至包括我们生活的地球的了解都是很有限的,一个个谜团抛在人类的面前:三者的起源之谜,太阳表面的活动情况,奇怪的地球磁场逆转,月球是否是空心的,等等,依然诱惑着人类要不断地去探索与求解……

## 太阳系的起源假说

### 星云说

16世纪哥白尼提出的日心地动说,确立了太阳系的概念,正确地描述了太阳系的结构和行星、卫星的运动情况。17世纪初在望远镜发明以后,用望远镜看到了金星的位相和视圆面大小的变化,看到了木星的4个大卫星,这些都证明了哥白尼的太阳系学说的正确性。哥白尼的学说使自然科学摆脱了神学的束缚,促进了自然科学的发展。17世纪,法国哲学家笛卡儿提出了关于天体形成的涡流学说,认为在太初混沌里,物质微粒逐渐获得了涡流式的运动,各种大大小小的涡流之间的摩擦把原始物质匀滑,挤出的物质落入涡流中心,形成了太阳；较细的物质飞走，形成了透明的天穹；较粗的物质块被俘获在涡流里，形成了地球和其他行星；在行星周围出现了次级涡流，它们俘获物质而形成卫星。笛卡儿的这个涡流学说，提出在万有引力定律被发现以前（1644年）。牛顿在他的有名著作《自然哲学的数学原理》一书中提出了万有引力定律以后，人们很快认识到万有引力在天体的运动和发展中所起的重要作用，认识到不考虑万有引力作用的任何天体演化学说都是不能成立的。因此，后来在讨论天体演化问题时，便很少提到笛卡儿的涡流学说了。

太阳系

康德于1755年提出的星云说，认真考虑了万有引力的作用。详细论述这个学说的康德著作名叫《自然通史和天体理论》，副标题是"根据牛顿定理试论整个宇宙的结构及其力学起源"。这里说的"牛顿定理"，就是万有引力定律。

康德认为，太阳系的所有天体是从一团由大大小小的微粒所构成的弥漫物质通过万有引力作用逐渐形成的。较大的质点把较小的质点吸引过去，逐渐形成大的团块。团块在运动中经常发生碰撞，有的碰碎了，有的则结合成更大的团块。弥漫物质团的中心部分就集聚成太阳。所以，康德认为，整个太阳系，包括太阳本身在内，是由同一个星云主要通过万有引力作用而逐渐形成的。这个主要论点在今天看来仍然是正确的。康德又认为，行星的自转是由于落在行星上面的微粒把角动量加到行星上而产生的。行星的吸引"迫使靠近太阳的、以较快速度运转的微粒离开了它们原来的轨道方向，使之沿着长椭圆的轨道运行并升到行星之上。这些微粒因为具有比行星本身更大的速度，所以当它们被行星吸引而下落时，就给它们的直线下落以及其他质点的下落运动一个自西向东的偏转"。今天来看，康德关于行星自转起源的论点也基本上是正确的，不过细节上需要修改。落到行星上的不仅有质点、微粒，也有由微粒形成的团块，在行星形成过程后期，还会有很大的固体块（称为星子）落到生长中的行星（称行星胎）上。

法国数学和物理学家拉普拉斯于1796年出版了一本科学普及读物《宇宙体系论述》。在这本书的7个附录的最后一个附录里，拉普拉斯用几页的篇幅叙述了他对太阳系起源的看法，提出了他的星云假说。他在提出这个学说的时候，并不知道康德已于41年前提出过一个类似的学说，更未看到康德的书。这是因为，康德的书是匿名（书上未写作者的真实姓名）出版的，初版的印数也不多。在拉普拉斯发表他的星云说以后，人们才回想起几十年前就曾提出过一个类似学说的书，并知道了这本书是康德所写的。此后，该书才得到再版和广泛流传。

拉普拉斯认为，太阳系是由一个气体星云收缩形成的。星云的体积最初比今天的太阳系大得多，大致呈球状，温度很高，缓慢地自转着。后来，星云逐渐冷却和收缩，由于角动量守恒，星云收缩时转动速度增加，离心力越来越大，在离心力和密度较大的中心部分的吸引力的联合作用下，星云越来越扁。到了一定时候，作用于星云表面赤道处的气体质点的惯性离心力便等于星云对它的吸引力，这时候，赤道面边缘的气体物质便停止收缩，停留在原处，于是形成一个旋转气体环。随着星云的继续冷却和收缩，分离过程一次又一次地重演，便逐渐形成了和行星数目相等的多个气体环，各环的位置大致就是今天各行星的位置。星云中心部分，则收缩成太阳。在各个气体环内，物质的分布不是均匀的，密度较大的部分把密度较小的部分吸引过去，逐渐形成了一些气团，在大致相同的轨道上绕太阳转动。由于互相吸引，小气团又集聚成大的气团，最后结合成行星。刚形成的行星（原行星）还是相当热的气体球，后来才逐渐冷却、收缩、凝固为固态的行星。较大的原行星在冷却收缩时又可能如上述那样分出一些气体环，形成卫星系统。拉普拉斯认为，气体环就像刚体那样旋转着，外部的线速度比内部的大，所以环凝聚成行星以后，行星就正向自转起来。最后，太阳的自转是原始星云自转的必然结果。土星光环是由没有结合成卫星的许多质点构成的。

拉普拉斯星云说的主要论点是：整个太阳系是由一个自转着的星云收缩而形成的。星云收缩时，由于角动量守恒，自转速度越来越大，到一定时候，赤道处离心力等于吸引力，便有物质留下来，后来这些物质就形成了行星。今天来看，这个主要论点仍然是正确的。但是，拉普拉斯认为，星云开始时很热，由于冷却才收缩。今天知道，星际云并不热，温度平均只有绝对温度10K～100K左右，即冰点以下摄氏－173℃～－263℃。收缩不是由于冷却而是由于自吸引发生的，星云越收缩，温度越高。另外，在赤道面形成的也不是一系列的星云环，而是一整个星云盘。计算表明，如果原始星云的角动量等于今天太阳系的总角动量，那么，当星云收缩到今天太阳系的大小时，赤道处的离心力远远小于吸引力，不可能留下物质来形成星云盘。所以必须认为，原始星云的质量比今天的太阳系大，角动量也比今天太阳系的角动量大好多，后来一小部分物质离开了太阳系，带走了绝大部分的角动量，才能够解决这个矛盾。拉普拉斯的星云说和康德的星云说都没有说明太阳系的角动量分布。

### 灾变说

由于康德和拉普拉斯的星云说对太阳系的一些问题不能完全解释清楚，从19世纪末到20世纪40年代这几十年当中，各种有关太阳系起源的灾变说非常盛行。它们的共同点是，都认为太阳系这样一个天体系统是宇宙间某一罕有的巨大变动的产物。第一个灾变说，出现在康德发表星云说之前，它的提出者既不是天文工作者，也不是数学工作者、物理工作者，而是一个动物学工作者，即法国人布封。他从牛顿的著作里了解到1680年出现的一个大彗星的轨道偏心率大到0.999 985，经过太阳时离日面只有23万千米。他认为，既然有彗星走到离太阳这样近的地方，从日冕穿过去，那么，一定会有彗星碰到过太阳。于是，布封在1745年提出来一个假说。他认为，太阳比行星先形成，太阳形成后，曾经有一个彗星"掠碰"（擦边而过）到它，这一方面使太阳自转起来，另一方面碰出了不少物质。这些物质一部分落回太阳，一部分脱离太阳的吸引力飞走了，还有一部分则绕太阳旋转起来，后来形成了行星。在当时的欧洲，宗教势力还很强大，任何和上帝创造天地万物的宗教教条相违背的天体演化学说都会遭到宗教的反对，所以布封的学说发表后，他就受到宗教势力的恐吓、迫害，他被迫于1751年宣告放弃其看法。到18世纪末，拉普拉斯和其他人都相继指出，彗星的质量比地球小得很多，即使彗星碰到太阳，也不会碰出足够多的物质来形成行星。1878年，新西兰天文学工作者毕克顿又提出，曾经有两个恒星相碰，产生了类似新星的爆发，爆发时抛出的物质形成了行星，两个恒星则合成太阳。

在这些学说中，大多数都认为太阳先形成，在某个时候有另外一个恒星走到太阳附近，引起太阳的大量抛射物质，这些物质后来就形成行星、卫星。最著名的灾变说是英国天文工作者金斯于1916年提出的潮汐学说。它认为，当另一恒星接近太阳时，在太阳上面产生了很大的潮。反面的潮比正面的小得多，很快衰落。正面的潮很大，物质被经过的恒星拉出来，形成一个长条。在另一恒星离开太阳的时候，它对长条的吸引使得长条朝恒星离去的方向弯曲，使长条获得了角动量，以后这些物质就一直绕太阳转动，并在长条内形成了所有的行星。长条的中部较粗，两头较细，所以，由中部物质形成的木星、土星较大。太阳原来就已经在自转着，今天太阳系的不变平面，是经过的恒星对太阳而言的轨道面，所以不变平面和太阳的赤道面不一定重合。事实上，两者之间有一个6°的交角。

在潮汐学说提出以前，美国地质工作者章伯伦和天文工作者摩尔顿还提出过星子学说。他们认为，接近太阳的恒星在太阳的正面和反面都产生了很大的潮，正面抛出的物质沿恒星离去的方向偏转，反面抛出的物质则朝相反的方向偏转，这样就形成了螺旋状的两股气流，它们逐渐汇合为一个环绕太阳转的星云盘。开始是气体凝聚为液体，然后又凝固为固体质点，固体质点再集聚成星子，最后才形成行星。开始时，行星轨道偏心率很大，行星过近日点时太阳对行星的潮汐作用就导致卫星的形成。行星后来由于经常和残余的星子碰撞，偏心率才逐渐变小，轨道变圆。星子学说的前半部分是灾变说，后半部分实质上是星云说。

金斯以后，又有好几个英国人提出了新的灾变说，其中每一个都增加了更多的偶然因素。1929年，捷弗里斯认为，另一个恒星不仅接近太阳，而且碰到了太阳。这使太阳自转起来。而碰出的物质呈一长条，后来形成了行星。干恩则认为，另一个恒星接近太阳时，太阳正处于自转不稳定状态，这一恒星的接近，引起太阳大量抛射物质。印度人巴纳奇在1943年提出，太阳的前身是一个造父变星，当另一恒星接近它时，使它的脉动成为不稳定的，从而抛出大量物质，形成了太阳和行星。到1963年，巴纳奇又补充假定，太阳的前身是一个磁场特强的造父变星，当时的质量为今天太阳质量的9倍，在另一恒星接近它时，使它的脉动振幅变大，不稳定，从而抛出大量物质，形成了太阳和行星。1964年，英国人乌尔夫逊又提出，接近太阳的恒星是一个超巨星，当两者接近时，不是超巨星从太阳拉出物质，而是太阳从超巨星拉出一长条物质，从而形成行星。从上述介绍可以看出，灾变说发展中偶然的因素越来越多了。

另一类与上面不同的灾变说认为，太阳原来是双星的一个子星。这是美国人罗素于1935年首先提出来的想法。1936年，英国里特顿把罗素的想法加以发挥，设想太阳的伴星被第三个恒星碰了一下，碰撞后太阳的伴星和那个恒星就像弹子球那样朝不同方向走开，中间拉出一长条物质。这一长条的中部被太阳俘获，留在太阳附近，后来就形成行星。里特顿的这个双星学说发表以后，受到了很多批评。于是，他于1941年提出又一个学说。这个学说认为，太阳的伴星本身又是一个密近双星，双星由于吸积星际物质而合成为一个角动量很大的恒星，然后，由于自转不稳定而再度分裂为两个恒星。这两个恒星沿双曲线轨道彼此离开，同时也就离开了太阳。两个恒星分开时拉出一长条物质，被太阳俘获，最后形成行星和卫星。在1945年，英国人霍意耳提出，太阳过去是双星的一个子星，另一子星因为发生了大爆发，成为超新星，朝太阳方面抛出的物质较多，由于反冲作用而离开了太阳。抛出的一部分物质被太阳俘获，后来就形成了行星。超新星抛出的物质包含有许多种重元素，如铁、镁、硅、铝等，这样可以说明地球和行星里重元素的来源。

银河系里恒星的空间密度很小，平均每35立方光年体积内才有一个恒星。打一个比方，假定地球内部完全是空的，在地球内部放3 000个乒乓球，地球内部空间的乒乓球比银河系空间内的恒星还要密集。银河系空间里恒星这样稀疏，所以两个恒星接近到能引起很大的潮的机会是很小的，对于每个恒星大概是每2 000多亿万年才有一次，至于碰撞，机会就更小了。但是，在离太阳相当近的恒星中，就已经发现了在十几个恒星周围有看不见的伴星，其中一部分伴星很可能是行星。所以，银河系内行星系统是相当普遍的，绝不是如灾变说所认为的那样是罕有现象。另外，要从太阳拉出足够的物质来形成行星，大部分物质就应当是从太阳表面之下相当距离处，温度高达100万℃的地方拉出来的，而温度这样高的气体即使被拉出来，也会很快扩散掉，不可能维持为一长条。最后，经过的恒星必须很接近太阳，才能拉出足够多的物质，但这样形成的行星离太阳将很近，角动量将很小。以上几点，都说明灾变说不能成立。事实上，提出灾变说的一些人，如捷弗里斯、霍意耳和里特顿等，他们也都先后承认这种学说不能成立，霍意耳和里特顿后来都改主张星云说了。

## 新星云说

19 世纪最初的 40 年中，在太阳系起源的研究上灾变说曾占了绝对优势，只有两个人提出了星云说。到 40 年代，情况发生变化，虽然在前半期新提出了 4 个灾变说，但很快就衰落下去，星云说一跃而占据了统治地位。仅在 40 年代里就出现了 7 个星云说。50 年代开始以后，新提出的太阳系起源学说除了乌尔夫逊的学说以外，全部都是星云说。

康德和拉普拉斯的星云说以及大部分灾变说，它们都只考虑问题的力学方面，即只考虑万有引力作用。在 19 世纪最先提出的几个星云说中，则强调了电磁力在太阳系形成中的作用。1912 年，挪威物理工作者伯克兰提出，太阳从一开始就有磁场，太阳抛射出的离子沿着磁力线在螺旋轨道上向外运动，最后停留在一些圆上，形成一些气体环，不同的环由不同的离子组成，每个环逐渐形成一个行星。荷兰气象工作者贝拉格于 1927 年提出的一个学说则认为，太阳把正离子和尘粒抛入它周围的气壳内，太阳自己因此而带负电，气壳里的离子后来就形成距离分布符合提丢斯—波得定则的各行星。1930 年，贝拉格对自己的学说作了修改。他把尘粒改为电子（太阳上面温度非常高，根本不存在尘粒），又假定太阳抛出的离子先集聚成一些环，然后才形成行星。贝拉格继续修改他的学说，不断引入更多的假设，例如，为了说明角动量分布，他甚至引入了另一恒星接近的灾变说论点。1942 年，瑞典物理工作者阿尔文提出，太阳开初已经形成，行星和卫星是由从远处下落到太阳附近的弥漫物质形成的。这些物质原来是电离的，它们被太阳的磁场和星际磁场维持在离太阳几千天文单位的空间，后来由于冷却，才由电离状态转变为中性状态，向太阳下落。物质在下落中不断被加速，动能增加到一定程度就会和路上遇到的质点碰撞而再度电离，停止降落，从而在太阳附近形成几个云。就是在这些云里，形成了行星和卫星。太阳磁场的磁力线随太阳的自转而转动，云的电离质点不能跨过磁力线，因而被带向前，云中的中性质点也被电离物质拖着向前，这就相当于太阳通过磁场的作用把自己的一部分角动量转移给云物质，所以形成后的行星具有大的角动量。

另外一些星云说，强调了湍流在太阳系形成中的作用，例如，德国物理工作者魏扎克于 1944 年提出的旋涡学说就是这样。他认为，星云盘内离太阳相同距离的质点的公转椭圆轨道具有不同的偏心率,所以盘内会出现旋涡,旋涡的排列很有规则性:盘分为几个同心环,越外面的环越宽,每个环内有同样数目的旋涡,魏札克估计的数目是5个。旋涡内物质的转动方向和公转方向相反。在相邻两环的3个旋涡之间,会出现次级旋涡,这些次级旋涡的转动方向和公转方向一致,行星就在这种次级旋涡里形成,所以,行星具有正向的自转。

有一些学说强调了太阳抛射物质的作用。法国天文工作者沙兹曼认为,太阳在慢引力收缩阶段抛射出大量的带电物质,这些被抛出的物质沿着太阳的磁力线运动,只有运动到离太阳一定距离以后,才不受磁场的约束。这些抛出的物质如果不是受磁场的约束,那么,由于角动量守恒,它们绕太阳转动的角速度将随着离太阳的距离的增加而减小。但是,由于磁场(当时太阳的磁场可能比今天强几百倍)的约束作用,抛出物质的转动角速度保持固定。因为角动量等于质量、角速度和距离平方三者的乘积,所以,抛出物质的角动量便越来越大,太阳的角动量便相应地减小。简单说来,这就是说,太阳通过磁场的作用把自己的角动量的一部分转移给抛射出去的物质。抛出的物质所带走的质量虽然不算多,但带走的角动量却很多。这个机制被称为沙兹曼机制,它和上面讲过的磁耦合有相似的地方,也有不同的地方。

有些新的星云说同康德和拉普拉斯的星云说一样,也认为整个太阳系是由同一个星云形成的,星云中部形成太阳,外部形成行星、卫星。但是,有一些星云说,例如前苏联施密特的学说,却认为太阳先形成。已经形成的太阳在星际空间里运动时,和一个星际云相遇,俘获了这个云里的物质,形成了环绕太阳的星云盘,然后在盘里形成了行星、卫星。还有一类星云说,认为形成行星、卫星的物质全部或大部分是由太阳抛射出来的。

关于行星的形成方式,有些星云说认为,星云盘里的气体先凝聚为尘粒(小固体质点),加上原来存在于星云内的尘粒和小冰块,一起逐渐集聚成大的星子;最大的星子成为行星胎,逐渐长大,最后形成为行星。有些星云说则认为,在星云盘里比较快地就形成了一些很大的原行星。美国天文工作者柯伊伯的学说就是这种论点的典型。他认为,在太阳形成以后,星云盘的物质很快就集聚成一些很大的原行星。例如,原地球的质量大到今天地球质量的500倍,原木星的质量等于今天木星的20倍。在原行星的内部,高压使得气体凝聚为固体，而且形成的固体质点沉入最里面部分。外部的气体则由于太阳的光和热以及太阳粒子流的作用而挥发掉，最后只剩下固体部分，就成为固态的类地行星。如果原行星外部的气体保留下来一小部分，最后就形成体积大、质量大但密度小的类木行星。这个原行星学说有一个根本的漏洞：原行星的质量那么大，它对于外部大量气体的吸引力也就很大，因此，太阳的光和热，就算加上辐射压力和粒子辐射，要在太阳系存在的几十亿年内就把原行星多余的气体全部赶跑，这是不可能的。

美国化学工作者尤雷提出，星云盘物质先集聚成许多气体球，它们的平均质量为 $10^{28}$ 克，其中非挥发性物质的质量和今天的月球差不多，就是这种非挥发性物质先凝聚成固体。气体球由于辐射而收缩，内部温度和压力升高，固体物质沉入中心部分，并在高温高压下形成今天在陨石里所发现的地上未曾见过的粒状体，以及在一些陨星里发现的钻石。后者的形成需要 1 000 ℃ 的高温和 34 千巴的高压。比较靠近太阳的气体球，它们外部的挥发性物质逐渐跑掉，而成为含硅、铁、镁及其氧化物为主的固态天体。这些固态天体互相吸引、互相碰撞，有的就合成为类地行星，碰撞形成的碎块就是陨星。离太阳较远的气体球，它们直接合成为类木行星。月球和其他大的卫星，还有大的小行星，都是留存下来的气体球内部形成的固体球。月球被地球俘获，才成为地球的卫星。

尽管新星云说使得人们对太阳系的形成有了进一步的认识，但是目前还不能说已经揭开了太阳系起源之谜。

## 知识点

### 康 德

康德（1724－1804），德国哲学家、天文学家、星云说的创立者之一、德国古典哲学的创始人，德国古典美学的奠定者。他被认为是对现代欧洲最具影响力的思想家之一，也是启蒙运动最后一位主要哲学家。1740 年入哥尼斯贝格大学。从1746年起任家庭教师9年。1755年取得编外讲师资格，任讲师15年。在此期间康德作为教师和著作家，声望日隆。除讲授物理学和数学外，还讲授逻辑学、形而上学、道德哲学、火器和筑城学、自然地理等。从1781年开始，9年内出版了一系列涉及广阔领域的有独创性的伟大著作，短期内带来了一场哲学思想上的革命。如《纯粹理性批判》《实践理性批判》《判断力批判》。

### 太阳系环形山之谜

当伽利略的望远镜对准月球之时，他首先看到了许多坑穴。这使他大惑不解。开普勒和后来的惠更斯也研究过这些坑穴。

在太阳系内，环形山的存在很普遍，1965年，美国"水手4号"探测器发回火星照片，证明火星上有环形山；1974年"水手10号"发回水星照片，上面布满密密麻麻的环形山。

此后，人们又相继从其他行星的表面上发现了许多环形山，太阳系的几十个卫星上也有环形山，甚至在哈雷彗星上也发现了坑穴。

现在已知地球上的环形山也有几十个，主要分布在加拿大和澳大利亚，它们的直径大者100多千米，小者几千米，最有名的是美国亚利桑那州的亚利桑那陨石坑。

环形山是如何形成的呢？长期以来，人们一直进行研究，提出了不少环形山形成的假说。例如旋涡说、气泡说、潮汐说、火山说和撞击说等。其中最有影响的是火山喷发说和陨星撞击说。

从月球环形山的分析来看，有些环形山与火山活动有关，但是，大规模的月球火山活动早已停止。分析表明，在此前38亿~39亿年间，月球曾受到大规模陨石轰击，从取回的月岩分析证明了这一点。总起来看，月球环形山中17%与火山活动有关，83%与陨星撞击有关。环形山形成原因尚未得到最终的解决。

## 太阳的能量来源

太阳是宇宙里的一颗硕大、炽热的恒星，可以辐射出大量的能量，其中一部分能量可以到达地球，成为人类开发利用的一种新能源。可以毫不夸张地说，地球上人类迄今为止利用的主要能量，直接或间接地都来自太阳。而在人类有史可查的漫长岁月中，太阳光和热都未见有丝毫的减弱，这既让人高兴，又令人费解：如此巨大而持久的能量，到底是从哪里来的呢？

对于太阳的能量来源，古往今来就众说纷纭，首先出现的就是"燃烧说"，这也是一种最原始也最朴素的猜测。

"燃烧说"认为，太阳是通过燃烧内部物质而发出光和热的。有人曾设想太阳是一只巨大无比的"煤炉"，靠类似煤炭燃烧的过程发出强光和辐射热量。然而，根据科学测量发现，太阳表面温度高达6000℃，这就很难解释由碳和氧发生化学反应生成二氧化碳的"燃烧"能达到如此高的温度。同时，根据测到的数据，太阳每秒的辐射能量以功率单位瓦计算的话，可达$3.9 \times 10^{26}$瓦，普通的燃烧是绝对不可能维持这样大得惊人的天文数字的。再者，如果太阳是靠这种化学反应能来维持的话，那它最多也不过就能燃烧几千年，可是到今天为止，太阳已经存在了45亿年，且依然不见衰退的迹象。由此可见，"燃烧说"是站不住脚的。

燃烧说被否定后，又有人提出了流星说，认为太阳周围有稠密的流星，它们以可观的宇宙速度撞击太阳，从而将动能转变为太阳的热能。

可是，如果流星说成立的话，那么要想维持太阳发出的巨大能量，坠落在太阳表面上的流星之多应该使太阳的质量在近2000年内产生显著的增加，而这就会影响行星的运动。但目前从八大行星的运动情况来看，它们并没有发生什么显著的变化。况且按照牛顿的万有引力理论，流星是不会飘浮在太阳上空的，也不会大量落在太阳上，它们都是以闭合的轨道绕太阳运行而已。因此，流星说也是不成立的。

关于太阳能量的来源，第一个可称得上"理论"的，是天文学家亥姆霍兹在1854年提出的太阳"收缩说"。

亥姆霍兹认为，像太阳那样发出辐射的气团必定会因为冷却而收缩。当气团分子在收缩中向太阳中心坠落时，就会转变成动能，动能再转变为热能，从而维持太阳所发出的热量。

但是，科学计算同样表明，如果这样下去太阳的寿命是不可能超过5 000万年的，而现今太阳的实际年龄却是45亿岁了。面对事实，连亥姆霍兹自己也要对他提出的的"收缩说"摇头了。

根据光谱分析，我们早已知道太阳中含有丰富的氢，还有少量的氦。可见，这两种元素一定与太阳能有密切的关系。1911年原子核发现后，人们开始猜测太阳能量也可能是从原子核反应中释放出来的。比如，已知几个核子（组成原子核的粒子），通过核反应结合在一起，就会放出能量。例如4个氢，通过核反应结合成1个氦，就能放出20兆电子伏特以上的能量。按照著名的爱因斯坦质能关系式"$E$（能量）$= m$（质量）$\times c^2$（光速）"，4个氢核质量约相当于4 000兆电子伏特的能量，核燃烧后的"质量亏损率"为$Am/m = 20/4\ 000 = 5 \times 10^{-3}$。而从太阳的辐射功率同样可以由质能关系估计出，太阳每秒减少的质量为$4 \times 10^6$吨，这与太阳总质量$2 \times 10^{27}$吨之比为$2 \times 10^{-21}$，这就是太阳的"质量亏损率"。

两者一比较，得出的结论就是：太阳的寿命为几百亿年。于是人们恍然大悟：原来氢就是太阳中的燃料，而氦则是它燃烧后的余烬，太阳能来自氢的核聚变反应。而科学家们从太阳光的光谱分析，也证实了太阳里确实存在氢气和氦气。

尽管目前人类对太阳能量的来源认识在不断步深化，但疑团还是远未解开。因为氢弹爆炸是瞬息之间发生的事，反应是在顷刻之间完成的，人们至今无法控制聚变反应，使之像裂变反应那样持续进行。如果太阳真的进行了"氢弹爆炸"，那么为什么不是所有的氢气都一起参加反应呢？如果所有的氢都参加了反应，反应一次完成，那么反应之后就理应逐渐冷却了。但是研究证明，数百万年来，太阳光的强度并没有丝毫减弱的趋势。如果太阳是在进行大规模的有控制的热核反应，那什么条件才能使太阳中的氢能局部、持续地参与聚变反应呢？由此看来，太阳能量的来源问题，仍是科学家们努力探索的一个未解之谜。

## 知识点

### 亥姆霍兹

亥姆霍兹（1821－1894），德国科学家。一生研究领域十分广泛，除物理学外，在生理学、数学、哲学诸方面都作出了重大贡献。他测定了神经脉冲的速度，重新提出托马斯·杨的三原色视觉说，研究了音色、听觉和共鸣理论，发明了验目镜、角膜计、立体望远镜。他对黎曼创立的非欧几何学也有研究。1847年他在德国物理学会发表了关于力的守恒讲演，第一次以数学方式提出能量守恒定律。

## 延伸阅读

### 失踪的太阳中微子

中微子是一种非常奇特的粒子，它不带电，质量很小，大约只有电子质量的几百分之一。早在20世纪30年代初期，科学家就根据理论推测出，在原子核聚变反应的过程中，不仅会释放出大量的能量，而且还一定会释放出大量的中微子。到了20世纪50年代中期，科学家通过实验证实了中微子的存在。

在太阳内部，时时刻刻都在进行着大规模的核反应，因此，中微子也时时刻刻从太阳内部大量地产生出来。中微子有一种奇特的性质，就是它的穿透能力极强，任何物质都难以阻挡。中微子从我们身上贯穿而过，我们毫无感觉。中微子不论碰上地球还是月球，都可以轻易地一穿而过。大量的中微子从太阳内部产生以后，就浩浩荡荡、畅行无阻地射向四面八方。地球表面每平方厘米的面积上，每秒钟就要遭受到几百亿个太阳中微子的轰击。

最早开始探测太阳中微子的，是美国布鲁黑文实验室的物理学家戴维斯，他经过多年的努力，到1968年，终于探测到太阳中微子。然而，出乎人们意料的是，他所探测到的中微子数目比原先预期的要少得多，仿佛有大量的太阳中微子失踪了。这个问题引起了科学家的极大重视，成为著名的中微子失踪之谜。

## 日冕"空洞"之谜

太阳大气最外面的一层叫做日冕。冕的本意是礼帽，日冕确实像顶硕大无比的帽子，从四面八方把太阳盖得严严实实。

除非用一种专门的仪器，否则，平常是无法对日冕进行观测的，只有在日全食的时候，才有机会看到它数十秒或者数百秒钟。日冕一般分为内冕和外冕两部分，从空间拍摄的日冕照片上，可以看到外冕最远一直延伸出去好几十个太阳半径那么远的距离。

日冕呈现出白里透蓝的颜色，柔和、淡雅，逗人喜爱。日冕虽然不亮，但从肉眼观测或者拍下的照片来看，各处亮度还比较均匀，没有太明显的差别。可是，从空间拍下的日冕X线照片上看起来，它却是另外一个模样。其中最引人注意的是，日冕中有着大片不规则的暗黑区域，它们并不很稳定，形状时有变化，有人把它们比喻为是日冕中出现的"洞"，冕洞的名称就是这么来的。说实在的，冕洞这个名字并不恰当，因为它基本上都是长条形的，有时从太阳的南极或者北极，一直伸展到赤道附近，长达几十万千米。从X射线的角度来看，说它是"洞"还勉强可以，冕洞里确实是"空洞洞"的，穿过冕洞可以直接看到光球，光球是完全不发射X射线的，所以在X线照片上，冕洞表现为暗黑色的一片，看起来像是好端端的一个圆面上，被涂黑了一大片。

我们都有这样的生活体验：风从东面吹来的时候，树叶、炊烟以及我们的衣服和长发，都向相反的西面飘起来。天文学家们从彗星尾巴老是背着太阳这一点得到启发，猜测太阳是不是也刮"风"？当然，这风指的是从太阳向外抛射出来的带电的物质粒子等。正式提出太阳风的名称并得到确认，那是20世纪50年代的事。

太阳风是从太阳面上什么地方往外吹出来的呢？这个问题一开始没有得到

圆满的解释。

在20世纪30年代之前，科学家们惊奇地发现，某些磁暴——地球磁场的强烈骚动是周期性的，每隔一定的周期就重复出现，周期是27日。显然，产生这种磁暴的原因也应该具有27日的周期。科学家们很自然地想到了太阳，它赤道部分的会合周期也是27日，可见这两者之间存在着某种关系。

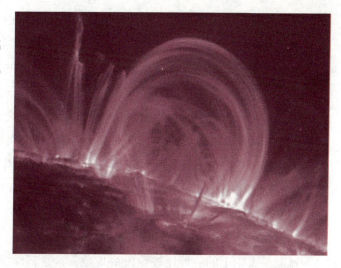

日 冕

周期性发生的磁暴与太阳赤道部分的哪些区域有关呢？这是些什么样的区域呢？多少年来，一直没有人能说清楚。这些"神秘"的区域被叫做M区，但谁也没有在观测中发现过M区。

在对冕洞的探讨和研究过程中，天文学家们找到了根据而恍然大悟，多年来踏破铁鞋无觅处的M区，原来就是太阳赤道部分的冕洞，从它那里使劲地往外"吹"的带电物质粒子，就是好几百年"视而不见"的太阳风。

冕洞、M区、太阳风，三者合一，不仅解释了一直存在的一些疑难问题，也推动了科学家们去进一步探讨由日冕和冕洞反映出来的新现象。

20世纪60年代以后，一系列的空间探测器为我们取得了大量的有关日冕和冕洞的第一手资料。尤其是"天空实验室"的发射成功，在其从1973年5月-1979年6月运行期间，特别是3次载人飞行期间，主要的观测对象就是太阳，总共拍摄了18万多张珍贵的太阳照片，为我们深入认识太阳和日冕作出了贡献。

"天空实验室"飞行期间，正是太阳活动并不太剧烈的时期，太阳面上的冕洞总面积竟然达到20%的样子，其中小的也许只占1%，而大的可达5%。太阳表面的1%大体上是600多亿平方千米，这些冕洞有多大呀！在太阳活动剧烈的时候，冕洞的面积是否会更大更多呢？多到什么程度呢？现在还说不太清楚。

有趣的是，太阳两极处冕洞面积的总和可以说是相当稳定的，加在一起可达到太阳表面总面积的 15% 左右，也就是一个极处的冕洞面积扩大时，另外一个极处的冕洞就缩小，反过来也一样。为什么两极的冕洞面积之和基本上保持不变呢？让人困惑不已。

冕洞是太阳大气中一种寿命较长和比较稳定的现象，一般可以存在相当于 5 个太阳自转周期那么长时间，有的甚至达到 10 个周期。小冕洞的寿命比较短，也许只存在二三十天，大致相当于 1 个太阳自转周期。冕洞面积的增长和减小速度比较平稳，而且大体相同，约 1 万平方千米/秒。为什么冕洞存在的时间那么长，比黑子长得多呢？为什么它面积的增长速度和减小速度又大体相同呢？难以理解，也难以解释清楚。

冕洞是太阳上的一种比较稳定的现象，这是科学家们长时间研究的结果。但是，空间观测给科学家们的提示是：日冕的短时间的"瞬时"现象，不仅存在，而且很壮观。从"天空实验室"对太阳所作的精细观测表明，日冕经常发生突如其来的、相当猛烈的抛射现象，大量物质一下子从冕洞排山倒海般地向四面倾泻，使附近的日冕部分发生明显的改变。一次这样的瞬时现象可以短到几分钟，长到一两个小时。在此期间被抛出的物质少则数百亿吨，多则上千亿吨，物质被抛出的速度可以达到 500 千米/秒以上。这种瞬时现象是怎样发生的？是由于什么机制触发而形成的呢？它与太阳的整体活动有什么关系？等等，现在都还难以理解和解释。

科学家们确实已经知道了不少关于冕洞的物质和情况，也确实有许多现象还没有得到满意的解释。除了上面提到的冕洞的面积、寿命、增大和减小速度以及瞬时现象等之外，这里再列举几个方面。

冕洞的分布：多年来，观测到的所有冕洞几乎都跟同一个太阳半球上的极区冕洞联系在一起，而且往往延伸到另一半球。换句话说，在太阳北半球出现的冕洞，从北极区开始向南穿越整个北半球，穿过赤道，一直延伸到南纬 20°左右；南极区的冕洞则与南半球上的冕洞联结在一起，并一直延伸到北纬 20°左右。为什么会是这样的分布情况呢？还不清楚。

冕洞的旋转：太阳大气中的多数现象的旋转情况是这样的，所处的日面纬度越高，绕太阳旋转的速度越慢。这就是所谓的较差自转，或较差旋转效应。冕洞似乎不遵守这种效应，它以自己的方式随着太阳自转，相对于太阳来说，它的位置基本不动，近似于所谓的刚体旋转。譬如同样都是在日面纬度40°处，冕洞的旋转速度比黑子要快7%左右，比赤道区域的冕洞只慢0.5%～1.0%，可说是相差无几。为什么冕洞不作较差自转？还不太清楚。

冕洞与磁场的关系：冕洞总是出现在太阳面上大而只有单极（正极或负极）的磁区域中，它因此而被区分为正极型和负极型两种。可是，并不是每个大的单极磁区中都会产生冕洞。就磁场强度来说，冕洞中的磁场是不均匀的；冕洞与无冕洞区的磁场并没有明显的差别，而且比太阳活动区要弱。可以认为，冕洞的产生和存在与磁场强度的大小，没有太大的关系，至少不是起主导作用的关系。

那么，冕洞究竟是怎么形成的呢？冕洞出现的频率有什么规律吗？冕洞的边界是如何逐步变化的？如果说，冕洞的发生和形成是由于太阳上的某种特殊过程的结果，那么这个特殊过程又是什么呢？

冕洞及其所在的日冕，为科学家提供了许多令人惊奇而难以理解的现象，而对这些现象的本质的认识，我们还处在茫然无知或者说刚开始探索的阶段。

## 知识点

### 天空实验室

"天空实验室"是1973年美国发射的载人空间站。站上拥有阿波罗望远镜和其他仪器，主要观测太阳和地球。还从事人类在失重状态下生理和心理反应等各种科学研究工作。1979年7月坠落。它是美国第一个环绕地球的试验性航天站。全长36米，直径6.7米，重82吨。它用"土星5号"运载火箭发射。由轨道工作舱、过渡舱、多用途对接舱、太阳望远镜和"阿波罗"飞船5部分组成。空间站的最大部分，这是一个"二层小楼"，下层供宇航员睡觉、准备食品、吃饭、整理个人卫生、处理废物，并进行一些实验工作，上层有一个大工作区和贮水箱、贮放食物箱、冷冻箱以及实验设备、用品。

## 延伸阅读

### 星风的起源

所谓星风是一种从恒星不断向外运动的物质流。星风现象是恒星在演化中逐渐损失质量的过程。星风的概念是从太阳风的启示得来的。

太阳风已有直接的观测证据，关于星风的存在也从恒星光谱中发现了间接证据。例如，在所有的 M 型巨星和超巨星中，强的吸收线都分成两条谱线，一条宽而浅，另一条锐而深。按照恒星谱线形成的理论，宽而浅的吸收线形成于光球之中，锐而深的吸收线则形成于光球之外的所谓星周物质即包层中，锐而深的星周吸收线相对于光球宽线有一个紫移，相应的速度为 10 千米/秒，说明包层正以此速度向外扩张。若包层中存在类似于对太阳风加速的机制，或者锐吸收线形成的包层位于远离恒星光球的地方，就可把它解释为星风。

对星风的起源和物理过程目前尚未完全了解。一般认为，在 O、B 型星中，快速自转和辐射压对星风的形成起着重要作用。至于冷巨星星风的起源，目前存在两种理论。一种理论认为，星风类似于太阳风，是由于某种波（例如声波等）的能量不断输送给色球—星冕而形成的。另一种理论认为，星风是由于接近恒星光球处的尘埃受恒星本身辐射压驱动而形成的。

## 太阳表面活动中的疑团

太阳表面的活动现象非常复杂，也相当丰富多彩。

在各种日面活动现象中，太阳黑子是最基本的，也是最容易发现的。明亮的太阳光球表面，经常出现一些小黑点，这就是太阳黑子。我国的古书中有很多关于太阳黑子的记载。汉初《淮南子·精神训》中记有"日中有蹲乌"，意思是太阳上面有一只三只脚的乌，这三足乌指的就是黑子。《汉书·五行志》中对黑子的记载更明确了："日出黄，有黑气，大如钱，居日中"。这是得到公认的世界上最早的黑子记录。在西方，著名的德国天文学家开普勒（1571－1630）在1607年时看见了黑子，但他不敢相信太阳上还会有暗黑的斑点而误认为是水星凌日了。1611年，意大利物理学家、天文学家伽利略（1564－1642）使用望远镜才确认了太阳黑子的存在。

黑子的大小相差很悬殊，大的直径可达20万千米，比地球的直径还要大得多，小的直径只有1 000千米。较大的黑子经常是成对出现，并且周围还常常伴有一群小黑子。黑子的寿命也很不相同，最短的小黑子寿命只有两三个小时，最长的大黑子寿命大约有几十天。黑子的数目有时多，有时少。黑子大量出现的期间，叫太阳活动峰年，黑子很少的期间，为太阳活动谷年。两个峰年之间的周期平均为11年。

太阳黑子看上去是黑的，实际上并不真是黑的，它们也是炽热明亮的气体，温度大约4 800℃，但比光球温度6 000℃要低多了，所以显得暗黑了。

太阳黑子究竟是怎么回事？它们为什么比光球冷？11年的周期又是如何产生的？有关太阳黑子的奥秘还远未揭开。

天文学家形容太阳色球层像是"燃烧着的草原"，或说它是"火的海洋"，那上面许许多多细小的火舌在不停地跳动着，不时还有一束束火柱窜起来很高，这些窜得很高的火柱就叫做"日珥"。日珥绰约多姿，变化万千，有的像浮云，有的像喷泉，有的像篱笆，还有的似圆环、彩虹、拱桥，等等，是一种十分美丽壮观的太阳活动现象。遗憾的是，日珥比光球暗得多，只有在日全食时或者使用色球望远镜才能看到。

日珥的大小也不一样，一般高约几万千米，大大超过了色球层的厚度，因此，日珥主要存在于日冕层当中。通过对日珥光谱的分析和研究，已经知道它们的温度接近1万℃。日珥分为宁静的、活动的

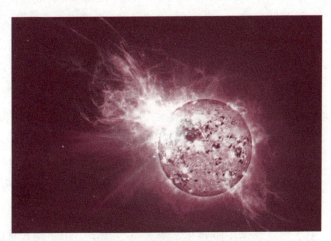

太阳表面活动

以及爆发的3大类。宁静日珥可以形状丝毫不变地在日冕中存在数月之久，这简直令人不可思议。日冕的温度高达一二百万摄氏度，是什么原因使得日珥能在如此高温状态下长期存在呢？爆发的日珥则以每秒700多千米的速度喷发到日冕中去，如此高速，动力又是从哪儿来的呢？日珥这些令人惊异的性质，给天文学家提出了一系列有趣而又艰深的研究课题。

耀斑是太阳上最强烈，也是对地球影响最大的活动现象。1859年9月1日，有两位英国天文学家在观测太阳时，看到一大片新月形的明亮闪光以每秒100多千米的速度掠过黑子群，然后很快消失了。不久以后，电讯中断，地磁台记录到强烈的磁暴。这就是人类第一次观测到的太阳耀斑现象。

耀斑的最大特点是来势猛，能量大。在短短一二十分钟内释放出的能量相当于地球上10万~100万次强火山爆发的能量总和。耀斑产生在日冕的低层。耀斑和黑子有着密切的关系，在大的黑子群上面，很容易出现耀斑。

耀斑对地球有巨大影响，它对地球上的电讯有强烈的干扰，也对正在太空遨游的宇航员构成致命的威胁。因此，耀斑受到了天文学家特殊的重视，成为当代太阳研究的主要课题之一。

以上我们给大家介绍了黑子、日珥和耀斑这几种太阳的主要活动现象，除此之外，太阳的光球上还有密密麻麻的米粒组织和经常出现在日面边缘的光斑，色球上还有与光斑相对应的谱斑，日冕中还有暗黑的冕洞，等等。太阳表面的这些活动现象形式不同，特点各异，但是它们有一个重要的相同之处，那就是共同遵守一个11年一周期的涨落规律，在太阳活动峰年，各种活动现象十分激烈，到了谷年，它们都比较平静。

1826年，德国的一位药剂师、天文爱好者施瓦贝开始记录太阳黑子数，绘出太阳黑子图。这样，他一直坚持到80岁，连续观测黑子达43年之久。他发现，经过约11年太阳活动很激烈，黑子数目增加很多，差不多可以看到四五群黑子。这时便称作"黑子极大"。接着衰弱，到极衰期，太阳几乎没有一个黑子。因此，每经过11年，就称作一个"太阳黑子周"。遗憾的是，他的研究结果寄给德国的《天文通报》时，编辑部并不在意。在经过两个太阳活动周的观测之后，他于1851年发表了他的重要发现。也就在当年，德国著名天文学家洪堡在他的《宇宙》第三卷中采用了施瓦贝的研究结论。

为了对太阳活动和黑子变化周期排序，国际上规定，从1755年开始的那个 11 年称作第一黑子周。1987 年进入第 22 个黑子周。

在每一黑子周的过程中，黑子出现是遵从一定规律的，这是 1861 年德国天文学家施珀雷尔发现的。它告诉我们，每个周期开始，黑子与赤道有段距离；尔后向低纬度区发展；每个周期终了时，新的黑子又出现在高纬区，而新的周期也就宣告开始了。

20 世纪初，美国天文学家海耳研究黑子的磁性，发现它有极强的磁场。几年过后，他又发现磁性变弱，乃至消失。这种变化竟与黑子周期相关。最后，他终于发现，黑子磁性变化周期恰好是黑子周期的 2 倍，即 22 年。人们将这个周期称作磁周期或海耳周期，因此，考虑到黑子磁性变化，黑子周期应为海耳周期。

太阳黑子的活动周期是 11 年，然而，根据天文观测的记录来看。太阳活动并非如此的规律，而是经历过一些极大期和极小期的。

早在 1843 年，德国天文学家玻斯勒就发现，在 1645－1715 年的 70 年间，观测记录中几乎未见到一个黑子，尽管这时早已利用了望远镜观测太阳活动。玻斯勒的发现似乎没有什么意义，渐渐地就被人们遗忘了。

1894 年，英国天文学家蒙德也注意到这 70 年的观测记录，并进一步指出，1672－1704 年的 32 年间在北半球竟然未看到一个黑子。为此，蒙德将这 70 年称作"延长的黑子极小期"。由于蒙德的证据似乎不足，所以也同样未受到人们的重视。

1976 年，美国天文学家埃迪又将此事重提，并把这个极小期称作"蒙德极小期"。他从 4 个方面对此进行论证：在"蒙德极小期"内，极光的记录非常少；黑子的记录一次也没有；从树木年轮的碳含量来看，太阳活动很弱；太阳日冕形状也表明太阳活动很弱。这些表明太阳活动"机器"几乎停止了运动，太阳活动 11 年周期的"脉搏"也几乎停止了跳动。

埃迪曾将近 7500 年的太阳活动进行了分析，得到了 7 个极大期和 8 个极小期，"蒙德极小期"只是其中的一次而已。埃迪的研究是很有价值的，这些问题引起了人们的深思和广泛的注意。

首先，关于黑子数目的观测，我国有些天文学家认为，在"蒙德极小期"内，我国的目视记录似乎有 6 次黑子的记录，这表明太阳活动的确是弱的，但并非如西方观测记录的那样。

其次，在"蒙德极小期"，11年的活动周期是否中断了。他们通过一些统计分析，认为11年的周期未中断。

此外，他们还分析了1535—1625年的极光记录，分析了重现周期与现代极光重现周期相比较，得到太阳自转与目前无差别的结论。这与埃迪的分析是相矛盾的。

我国太阳黑子记录材料极为丰富，我国科学家在分析之后，也得到过61年、200年、275年、430年、乃至800年等各种周期。

总而言之，一般的看法是，"蒙德极小期"是存在的，太阳活动的11年周期仍存在。这桩太阳活动近代史上的一大公案在短期内仍难了结。争论下去也许对太阳活动规律会有更深的认识。

## 知识点

### 太阳色球层

明亮的太阳光球之上就是美丽的色球层。它各处厚度不均，平均约有几千千米厚。色球层底部的温度可达5 000℃，顶部达30 000℃。由于色球层物质稀疏且非常透明，发出的光不及光球层的1/1 000，因而只有在发生日全食时，才露出"庐山真面目"。日全食时观测色球层，发现太阳包上了一层玫瑰色圆弧；再仔细观察，发现色球层由无数个熊熊燃烧的火舌组成，它们形状各异，好像一片燃烧着的"草原"。草原上还不时升起一束束火柱，但寿命都不长。这说明色球层结构是很复杂的。

一般来说，太阳核心温度$15 \times 10^6$℃，从中心到外壳，以至到行星际空间的温度越来越低，而色球层温度从低层到高层升高了几万摄氏度，到日冕层最高温度可达100万℃以上。具体地讲，从太阳核心到色球，每升高1千米，温度下降20多摄氏度；而从光球到日冕，每升高1千米，温度却升高500℃。这种反常的分布，虽然有一些加热机制的理论提出，但仍未圆满解决。

延伸阅读

### 太阳怎样影响气候

地球绕日公转，同时又绕自身极轴自转，这使地球上有了四季气候的变化。19世纪时，著名天文学家赫歇尔注意到太阳黑子多少与地面雨量有关。就我国而言，大范围的旱涝与太阳黑子爆发、爆发耀斑有一定关系。研究发现，我国许多地区出现异常降水或天气冷暖变化与黑子活动周期有关。太阳耀斑爆发对地球短期影响也是有的。我国科学家观测到，在耀斑爆发时，很多地区气温平均升高1℃。就拿北京来说，在太阳活动极大年和极小年及其后一年，降雨较多；而在极大和极小年前一两年则降雨较少。

类似的观测还有很多。太阳究竟是如何影响地球气候的，至少还很难给出一个完整的机制加以解释。

一般来说，大气变化的主要影响因素是太阳辐射。其辐射量的变化，对大气变化影响很大。通常辐射量变化1%，就有旱涝发生，但太阳常数基本不变。为此人们又提出"大气臭氧屏蔽假说"、"雷暴事件触发"假说等，但也都很不成熟。太阳怎样具体地影响着地球气候，仍须深入研究。如果弄清楚了，我们对天气的预报可能就准确多了。

## 太阳会自燃殆尽吗

在浩瀚的宇宙中，太阳是距离地球最近的恒星，日地距离约为1.5亿千米。太阳的直径约为139.2万千米，是地球直径的109倍；太阳体积为地球的130万倍，质量比地球大33万倍。

太阳主要由氢、氦等物质构成，其中氢占73.5%，氦占25%；其他成分如碳、氮、氧等，只占太阳物质构成的1.5%。太阳核心的温度高达1 500万℃，每秒钟就会有6亿多吨的氢在那里聚变为氦。在这个过程中，每

4个氢原子会核聚变为1个氦原子核,而每产生1个氦原子,太阳就向外辐射4部分的能量。

在地球上,植物的光合作用,煤、石油等矿藏的形成,大气循环、海水蒸发、云雨生成等等,这一切都离不开太阳的活动。10亿年来,地球的温度变化范围很小,这说明太阳的活动基本稳定,也为生命的孕育、演化提供了极好的条件。

太阳上的氢聚变反应已进行了几十亿年,有人担心太阳的能量总有一天会耗尽。的确,太阳的能量并非取之不尽,如果氢不断减少,氦不断产生,那么未来的太阳会变成什么样呢?

天文学家爱丁顿发现:质量越大的恒星体,它为抗衡万有引力而产生的热量也越多,星体膨胀速度越快;相应地,它留在主星序中的时间也越短。

就拿太阳来说,它和众多恒星一样,目前正处于主星序阶段。根据计算,太阳可在主星序阶段停留100亿年左右;而目前它处于主星序阶段已46亿年了。质量比太阳大15倍的恒星只能停留1 000万年,质量为太阳质量1/5的恒星则能存在10 000亿年之久。

当一颗恒星度过它的主序星阶段,步入老年时,就会首先变成一颗"红巨星"。之所以称其为"巨星",是因为它的体积巨大。在这一阶段,恒星将膨胀到比原来体积大10亿多倍的程度;称它为"红"巨星,是因为在恒星迅速膨胀的同时,外表面离中心越来越远,温度也随之降低,发出的光也越来越偏红。尽管温度降低,但红巨星的光度却变得很大,看上去极为明亮。目前人类肉眼看到的亮星中,有许多都是红巨星。

从"主序星"衰变成"红巨星",恒星的变化不仅是外在的,内核也发生着巨大的变化,从"氢核"变成了"氦核"。我们知道,恒星依靠其内部的热核聚变而熊熊燃烧着,核衰变的结果是每4个氢原子核结合成1个氦原子核,在这个过程中恒星释放出大量原子能并形成辐射压,辐射压与恒星自身收缩的引力相平衡。而当恒星中心区的氢消耗殆尽,形成由氦构成的氦核之后,氢聚变的热核反应就无法在中心区继续进行了。此时,引力重压没有辐射压来平衡,星体中心区就会被压缩,温度也随之急剧上升。当恒星中心的氦核球温度升高后,紧贴它的那层氢氦混合气体也会相应受热,达到引发氢聚变的温度热核反应便重新开始。于是,氦核逐渐增大,氢燃烧层也随之向外扩展。转化中，氢燃烧层产生的能量可能比主序星时期还要多，但星体表面温度不仅不会升高反而会下降，因为外层膨胀后受到的内聚引力减小，但即使温度降低，膨胀压力仍可抗衡或超过引力，此时星体半径和表面积增大的程度超过产能率的增长，因此总光度可能增长，表面温度却将下降。

质量比太阳大4倍的大恒星在氦核外重新引发氢聚变时，核外放出的能量不会明显增加，而半径却增大了好几倍，因此恒星的表面温度由几万开降到三四千开，成为红超巨星。质量比太阳小4倍的中小恒星进入红巨星阶段时，表面温度下降，光度也将急剧增加，这是它们的外层膨胀消耗的能量较少而产能量较多的缘故。

红巨星一旦形成，就会向下一阶段——"白矮星"进发。当外部区域迅速膨胀时，氦核受反作用力将强烈向内收缩，被压缩的物质不断变热，最终内核温度将越过1亿摄氏度，从而点燃氦聚变。经过几百万年，氦核也燃烧殆尽，而恒星的外壳仍是以氢为主的混合物。如此，恒星结构比以前复杂了：氢混合物外壳下面会有一个氦层，氦层内部还埋有一个碳球。这样，恒星体（红巨星阶段）的核反应过程将会变

美国国家射电天文台

得更加复杂，中心附近的温度继续上升，最终使碳转变为其他元素。与此同时，红巨星外部也开始发生不稳定的脉动振荡：恒星半径时而变大，时而缩小，稳定的主星序恒星将变成极不稳定的巨大火球，火球内部的核反应也会越来越趋于不稳定，忽强忽弱。此时，恒星内部核心的密度已增大到每立方厘米10吨左右。可以说，在红巨星内部已经诞生了一颗白矮星。

2004年9月，英国曼彻斯特大学和美国国家射电天文台的科学家，在曼彻斯特举行的国际天文学联合会大会上宣布，他们使用射电望远镜拍到了1 000光年外的一颗恒星向外喷发气体的图像。这是迄今科学家拍到的最精细

的太阳系外恒星活动图像。对这批图像进行研究，将有助于了解恒星接近死亡时的演化过程，从而预测出太阳的未来命运。

科学家们观测的这颗恒星名叫TCAM，位于鹿豹星座，是一颗年老的"变星"，亮度以88个星期为周期进行有规律的变化。过去科学家们每两周会对TCAM进行一次观测，一直持续了88周（即该恒星的一个光变周期），结果获得了比哈勃太空望远镜所能拍到的同类图像精细500倍的图像。从图像中可以看出，恒星表面附近的气体在进行复杂的运动，但其中有些利用现有理论尚不能解释。

一些科学家认为，几十亿年后，太阳会迅速膨胀，把包括地球在内的太阳系内行星"吞噬"掉。届时，太阳会剧烈地脉动，像TCAM一样成为一颗变星。在脉动过程中，大量物质将被抛入星际空间，太阳的大部分质量会被损失掉，剩余部分将坍缩成一颗白矮星。

还有一些科学家认为，虽然目前对恒星演化过程还不是太清楚，但基本可以肯定：大约50亿年后，太阳会成为一颗红巨星。那时，地球上的一切生命将不复存在。届时地面温度将比现在高2～3倍，北温带夏季最高温度会接近100℃；而地球上面积巨大的海洋，也将会被蒸发成一片沙漠。预计太阳在红巨星阶段大约停留10亿年左右，光度将升高到今天的好几十倍，体积也将比现在更加硕大。如果从地面角度观察，会发现它实际上"布满"整个天空。

## 知识点

### 爱丁顿

爱丁顿（1882—1944），英国天文学家、物理学家、数学家，自然界密实物体的发光强度极限被命名为"爱丁顿极限"。1905年他到格林尼治天文台工作，分析小行星爱神星的视差，他发现了一种基于背景两颗星星的位移进行统计的方法，因此于1907年获得史密斯奖。1913年初，爱丁顿被任命为剑桥大学天文学和实验物理学终身教授。1914年被任命为剑桥大学天文台台长，不久就被选为英国皇家学会会员。1919年写了"重力的相对理论报道"，第一次向英语世界介绍了爱因斯坦的广义相对论理论。著作有《恒星和原子》《膨胀着的宇宙：天文学的重要数据》《科学的新道路》等。

延伸阅读

### 太阳正在收缩吗

美国天文学家埃迪1974年提出一个极其大胆的观点——太阳正在收缩着。太阳直径差不多每百年缩短1/850。太阳直径140万千米，差不多百年缩短1 647千米。按此缩小，不消10万年，太阳就化为乌有。

埃迪的话有根据吗？有的。他曾仔细研究了英国格林尼治天文台从1836年到1953年的太阳观测资料。他发现，这117年间，太阳直径是不断收缩的。为了进一步检验这一结论，他还研究了美国海军天文台从1846年以来的观测记录，这同上面的结论一致。另外，埃迪还注意到1567年4月9日的一次日环食。当时有人计算，这应是一次日全食。埃迪解释道，这时的太阳比现在的大一些，月亮遮不严太阳光线，为此就出现了一个亮环。

埃迪的结论主要源自格林尼治天文台的数据。然而，别的天文台也不甘寂寞，他们也根据自己的记录来演算。例如，著名的德国哥廷根天文台也保存有较好的太阳观测资料，他们的计算表明，太阳大小在200多年内变化不大，比起埃迪的数值要小得多。

## 太阳有伴星吗

太阳可能存在伴星的理论源自于地球上出现大灭绝的时间是有周期性的，每隔约2 600万年有一次。天文学家们试图用太阳伴星去解释大灭绝的周期性。

该伴星推断其公转周期 2 600 万年，在经过奥尔特云带时，干扰了彗星的轨道，使数以百万计的彗星进入内太阳系，从而增加了与地球发生碰撞的机会。

但也有学者指出周期性大灭绝的原因并不一定是太阳存在伴星，并提出可能是因为太阳系在银河系平面上下摆动，并会摄动奥尔特云，其影响与伴星存在的假设相似，但其上下摆动周期仍有待观测。

在天文学上，一般把围绕一个公共重心互相做环绕运动的两颗恒星称为物理双星；把看起来靠得很近，实际上相距很远、互为独立（不做互相绕转运动）的两颗恒星称为光学双星。光学双星没有什么研究意义。物理双星是唯一能直接求得质量的恒星，是恒星世界中很普遍的现象。一般认为，双星和聚星（三至十多颗恒星组成的恒星系统）占恒星总数的一半多。太阳作为一颗较典型的恒星，它是否也有自己的伴侣——伴星呢？或者说，它是否也属于一种比较特殊的物理双星呢？

天文学家曾有过太阳具有伴星的想法是很自然的事。当人们发现天王星和海王星的运行轨道与理论计算值不符合时，曾设想在外层空间可能另有一个天体的引力在干扰天王星和海王星的运动。这个天体可能是一颗未知的大行星，也可能是太阳系的另一颗恒星——太阳伴星。

奇妙的太阳影像

1984 年，美国物理学家穆勒在和他的同事们讨论生物周期性灭绝的问题时说："银河系中一半以上的恒星都属于双星系统。如果太阳也属于双星，那么我们就可以很容易解决这个问题了。我们可以说，由于太阳伴星的轨道周期性地和小行星带相交，引起流星雨袭击地球。"他的同事哈特灵机一动，说："为什么太阳不能是双星呢？同时，假设太阳的伴星轨道与彗星云相交岂不是更合理一些?"于是,他们在当天就写出了论文的草稿。他们用希腊神话中"复仇女神"的名字,把这颗推想出来的太阳伴星称为"复仇星"。

人们考虑到,如果太阳有伴星的话,在几千年中似乎却没有人发现过,想必它是既遥远又暗淡的天体,而且体积不大。这是很有可能的情况。因为在1982-1983年,天文学家利用红外干涉测量法,测知离太阳最近的几颗恒星都有小伴星,这种小伴星的质量仅相当于太阳质量的1/15~1/10。此外,在某些双星中,确实还有比这更小的伴星存在着。

太阳的伴星——"复仇星",已引起了科学家认真热烈的讨论,从理论方面说,太阳应该有一个伴星,可实际上至今尚未发现。是人类现今的技术手段还不能发现它,还是根本就没有这颗星呢?人们正想尽办法寻求答案。

自从太阳伴星——"复仇星"的假说公诸报端,科学家们开展了认真热烈的讨论。人们根据开普勒定律推算,若其轨道周期为2 600万年,那么轨道的半长轴应该是地球轨道半长轴的88 000千倍,约1.4光年,即太阳伴星距太阳比任何已知恒星要近得多。

1985年,美国学者德尔斯莫在假设"复仇星"确实存在的前提下,用一种新方法算出了这颗星的轨道。他首先对最近2 000万年左右脱离奥尔特云的那些彗星进行统计、调查,对126颗这样的彗星及其运动作了统计研究,断言他的统计可靠性达95%。他确定,大多数这类彗星都做反方向运动,即几乎与太阳系所有行星运动的方向相反。

根据这些彗星的冲力方向算出,在不到2 000万年以前,奥尔特云从某一其他天体接受到一种引力冲量。他认为,这是由一个以每秒0.2或0.3千米速度缓慢运行的天体引起的,"复仇星"是一种令人满意的解释"。

德尔斯莫根据动力学算出,"复仇星"的轨道应该与黄道几乎垂直,而它的方向应该是离开黄极5°左右。

美国学者托贝特等,计算了"复仇星"可能的轨道因星系"潮汐"——即太阳系以外的物质引力影响而产生的轨道变化。考虑到这颗星可以运行到离太阳很远的地方,很容易受到别的天体引力的影响。托贝特说,即使它原先的轨道很稳定,也不可能在从太阳系存在以来的45亿年中,轨道一直保持不变。许多研究者同意这样的看法:这颗轨道周期为2 600万年的伴星的预期寿命至多为 10 亿年。这就意味着，它可能是在太阳形成之后很久才被太阳"俘获"的，或者就像有的科学家指出的那样：在"复仇星"刚形成时，它和太阳之间的联系要比现在紧密，其周期约为 100 万～500 万年，后来由于其他天体的引力"牵引"而外移到现在的轨道；这种外移最终会导致它脱离太阳的引力影响。

针对太阳系的现状，有一些天文学者认为，太阳伴星由于某种原因未能形成，而形成了八大行星及其卫星、小行星和彗星等等。美国天体物理学家韦米尔和梅梯斯的研究认为，尚未发现的太阳第九颗大行星（经常写做 X 行星）可能是引起周期性彗星雨——生物大规模灭绝的原因。

韦米尔他们是在把前人两个设想合并到一起后，创立这种新颖的解释的。这两个设想是：在冥王星轨道之外存在着 X 行星；以及认为在海王星之外的太阳系平面中可能有一个彗星盘或彗星带。在他们设计的一个模型中，X 行星周期性地从上述彗星带近旁穿过，破坏彗星轨道，使大量彗星冲向太阳系内部。韦米尔说，这个理论的优点之一是 X 行星的轨道距离太阳要比"复仇星"近得多，因而将十分稳定。X 行星轨道平面与太阳系平面成 45°倾角，设想它每 1 000 年沿轨道运行一周。但是它也会受到其他行星引力的牵引而引起轨道变迁，每隔 2 600 万年，当其运行到接近上述彗星带时，就会触发一场彗星雨。

美国科学家海尔斯综合了不规则地通过"复仇星"轨道的恒星的各种作用，估计出"复仇星"在过去的 2.5 亿年中，其轨道周期的变化应为 15%。鉴于此，人们认为，不管是哪种情况，在"复仇星"的可能轨道上，所有的扰动都意味着天文钟的调谐并不那么精确，而如果这颗太阳伴星确实存在的话，人们不应该期望它触发彗星雨和引起大规模物种灭绝的周期十分精确。遗憾的是，至今缺乏更好的地质资料，尤其是陨石坑方面的资料，地球上的证据的不确定因素太大，以致于无法准确地说出"复仇星"天文钟的周期性能精确到什么程度。

总而言之，根据科学家们的研究推测，太阳很可能存在或有过伴星，但是要找到它，证实它，确实是一件困难的事，人们期望着科学家们早日解开这个宇宙之谜。

## 知识点

### 陨石坑

陨石坑（较大的陨石坑又称环形山）是行星、卫星、小行星或其他天体表面通过陨石撞击而形成的环形的凹坑。几乎所有具有固体表面的行星和卫星均带有陨石坑。在有些天体上陨石坑的密度可以被用来确定相应的表面地区的形成年代。陨石坑的中心往往会有一座小山，在地球上陨石坑内常常会充水，形成撞击湖，湖心有一座小岛。在具有风化过程的天体上或者具有地壳运动的天体上，老的陨石坑会逐渐被磨灭。在地球上约有150个大的依然可以辨认出来的陨石坑，通过对这些陨石坑的研究地质学家还发现了许多已经无法辨认出来的陨石坑。

## 延伸阅读

### 奇异的日月同升现象

据历史文献记载，这种"日月并升"的奇观曾出现在浙江杭州湾北岸的海盐县。此县有一处旅游风景区叫做南北湖，湖边一村庄附近有一峰顶叫鹰窠顶，据记载"日月并升"就是在这里欣赏到的。这个奇观的记载最早始见于明万历年间陈梁撰写的《云岫观合朔记略》（云岫观坐落于鹰窠顶的左下20米处）之中，历史上曾有许多文人来此观景。如黄宗羲、查慎行等都专程来观看过，并写得作文加以记述。而当地看过这一日月奇观的人很多，据当地一位上了年龄的农民回忆：他曾两次在农历十月初一看过这一天文美景。

1980年杭州大学地理系约集了10多个天文爱好者，在11月8日（农历十月初一）早晨4时30分登鹰窠顶等候。当时星光灿烂，但6时18分如丹红日从海面跃出，霞光缥缈，那此时月亮何处去了？忽见有一个黑影纵上日面，在日面上左右跃动，此时，白里而边是红的，真是日月相辉映成趣。对于这个奇观科学家还没有找出它的规律。

## 奇妙的太阳震荡

　　1960年，美国天文学家莱顿将最新研制成的强力分光仪对准太阳表面上一个个小区域，准备测定它沸腾表面运动的情况。结果他意外地发现了一件令人十分惊异的现象：太阳就像一颗巨大的跳动着的心脏，一张一缩地在脉动，大约每隔5分钟起伏振荡一次。这次莱顿发现的太阳上下振荡，和以前发现的太阳黑子、日珥等各种太阳运动现象都不同，它不仅具有周期性，而且整个日面无处不在振荡。

　　太阳距离我们十分遥远，即使通过口径最大的光学望远镜，我们也根本无法看到它表面的上下起伏。那么，莱顿又是怎样发现太阳表面的这种振荡呢？说起来这还要归功于著名的"多普勒效应"。

　　大家都知道，当一个声音在接近或远离我们的时候，就会发生"多普勒效应"。当它接近我们时，我们接收到的频率升高了，当它离开我们时，我们接收到的频率降低了。与声波一样，光也是一种波，自然也有"多普勒效应"。当光波朝向或远离观测者时，光的频率也要发生变化。在由红橙黄绿青蓝紫七色光组成的太阳连续光谱上，紫色光的频率最高，红色光的频率最低。这个彩色的连续光谱上面还有许多稀疏不匀、深浅不一的暗线，是太阳外层中的一些元素吸收了下面更热的气体所发出的辐射而形成的，叫做吸收线。在观察太阳光谱的时候，如果我们一直紧紧盯住连续光谱上的一条吸收线，那么当太阳表面的气体向上运动时，也就是朝我们"奔驰"而来的时候，吸收线就会往光谱的高端即紫端移动，简称紫移；反之，当气体向下移动时，吸收线就会往光谱的低端即红端移动，简称红移。如果吸收线一会儿紫移，一会儿红移，不断地交替交换，那么太阳的表面气体就在上下振荡。

　　说来简单，实际观察起来困难重重。因为太阳离我们很远，而且它振荡的幅度和速度都不大，所以光谱线的位移量也很小，大约只有波长的百万分之几。可想而知，这样微乎其微的变化，发现它是多么不容易。莱顿使用非常精密的强力分光仪拍下一张张太阳光谱照片，然后利用"多普勒效应"的原理，通过计算机进行反复的分析，最后才发现了太阳表面周期振荡的重要现象。

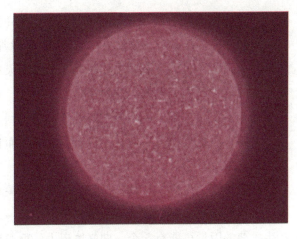

太阳表面震荡现象

太阳5分钟振荡周期从根本上改变了人们对太阳运动状态的认识，世界各国的天文学家对这个问题都十分重视，许多天文学家纷纷采用各种不同方法对太阳进行观测。他们不仅证实了太阳表面5分钟的振荡周期，而且接连地又发现了其他好几种周期的振荡。有人得到周期为52分钟的太阳振荡，有人得到周期为7~8分钟的太阳振荡。最引人注意的是前苏联天文学家谢维内尔和法国天文学家布鲁克斯等得到的周期为160分钟的长周期振荡。

谢维内尔观测小组在克里米亚天体物理台首先观测到这种长周期振荡。1974年，他们把由光电调节器和光电光谱仪组成的太阳磁象仪安装在太阳塔的后面，利用它来观测连接太阳极区的窄条的光线以避开太阳赤道部分的视运动。来自太阳中心的光线发生偏振，而来自太阳边缘的光线没有偏振，这两部分光线分别照在两个光电倍增管上，这两个光电倍增管的输出就表示中心光线是否相对于边缘发生了多普勒位移。谢维内尔小组利用这种方法在1974年秋季观测到太阳160分钟的振荡周期。

1974年秋天，布鲁克斯在日中峰天文台，利用共振散射方法测定太阳吸收线的多普勒位移的绝对值，进行了十多天的观测，也观测到了太阳160分钟的振荡周期。

太阳160分钟振荡周期被观测到以后，许多天文学家对它表示怀疑。有人认为这种振荡可能是一种仪器效应，也可能是地球大气周期性变化的反映。后来，美国斯坦福大学的一个天文小组用磁象仪观测到了太阳的160分钟振荡周期。一个法国天文小组在南极进行了 128 个小时的连续观测，同样观测到了 160 分钟太阳振荡周期。南极夏季每天 24 小时都能看到太阳，不存在大气的周日活动问题。另外还有两个相距几千千米的天文台同时进行观测，也都观测到太阳的这种长周期振荡。这两个台相距遥远，在长时间观测中大气的影响可以相互抵消了。太阳长周期振荡的现象终于得到了证实，疑问才被打消。

太阳表面到处振荡不停，不仅有升有落，而且有快有慢，这是一幅十分蔚为壮观的景象。

太阳振荡是怎样产生的？这是科学家们最关心的事情。科学家们已经认识到，太阳振荡虽然发生在太阳表面，但其根源一定是在太阳内部。使太阳内部产生振荡的因素可能有 3 个，即气体压力、重力和磁力。由它们造成的波动分别称为"声波"、"重力波"和"磁流体力学波"，这 3 种波动还可以两两结合，甚至还可以三者合并在一起。就是这些错综复杂的波动，导致了太阳表面气势宏伟的振荡现象。有人认为，太阳 5 分钟振荡周期可能是太阳对流层产生的一种声波，而 160 分钟的振荡周期则可能是由日心引起的重力波。但是，这些解释究竟正确与否，目前还不能完全肯定。

声波是一种比较简单的压力波，它可以通过任何介质传播。太阳的声波是与地球内部的地震波有些相似的连续波，它们传播的速度和方向依赖于太阳内部的温度、化学成分、密度和运动。像地球物理学家通过研究地震波去查明地球内部的构造模式类似，天文学家正利用他们所观测到的太阳的振荡现象，去窥探太阳内部的奥秘。

## 知识点

### 多普勒效应

多普勒效应是为纪念奥地利物理学家及数学家克里斯琴·约翰·多普勒而命名的，他于 1843 年首先提出了这一理论。主要内容为：物体辐射的波长因为波源和观测者的相对运动而产生变化。在运动的波源前面，波被压缩，波长变得较短，频率变得较高（蓝移 blue shift）；当运动在波源后面时，会产生相反的效应。波长变得较长，频率变得较低（红移 red shift）。波源的速度越高，所产生的效应越大。根据波红（蓝）移的程度，可以计算出波源循着观测方向运动的速度。

## 延伸阅读

### 彩超

声波的多普勒效应也可以用于医学的诊断，也就是我们平常说的彩超。彩超简单地说就是高清晰度的黑白B超再加上彩色多普勒，首先说说超声频移诊断法，即D超，此法应用多普勒效应原理，当声源与接收体（即探头和反射体）之间有相对运动时，回声的频率有所改变，此种频率的变化称之为频移，D超包括脉冲多普勒、连续多普勒和彩色多普勒血流图像。彩色多普勒超声一般是用自相关技术进行多普勒信号处理，把自相关技术获得的血流信号经彩色编码后实时地叠加在二维图像上，即形成彩色多普勒超声血流图像。由此可见，彩色多普勒超声（即彩超）既具有二维超声结构图像的优点，又同时提供了血流动力学的丰富信息，实际应用受到了广泛的重视和欢迎，在临床上被誉为"非创伤性血管造影"。

## 设想中的太阳城

人口的增加，资源的消耗，能源的不足，污染的蔓延，这一切使得我们这个星球显得太狭小、太拥挤了。展望未来，人类的衣、食、住、行将越来越困难。也许到下下个世纪，人类就将面临这样一项震撼宇宙的伟大任务：扩大人类活动的舞台，创造一个新世界。

这个新世界的目标是改造太阳系，建立太阳城。太阳系的确需要改造，因为它的能量分布太不合理了：有生命而需要能量的地球，仅仅获得太阳能量的五千亿分之一，太阳的其余能量都白白弥散到茫茫太空中。一方面是节衣缩食，另一方面却在惊人地浪费，人类显然有权提出"均富济贫"的口号，为自己，也为生命争得更舒适的空间。

这是一场革命：重新组构太阳系，以便更有效地利用太阳能。这个胆大包天的思想也不是今天才出现的，早在1893年，航空之父齐奥尔科夫斯基就在他的《地球与天空的"梦想"》一书中提到过这个思想。英国物理学家伯那尔发展了这个思想。1929年他预测说，将来，大多数人可能会居住在空中的天体上。

今天，空间科学家已为此勾画出3种独具匠心的方案。在这些方案中，未来的世界比地球大100万倍。建筑这样一个新世界，材料从何而来？科学家们想到了木星，这个罗马神话中的主神朱庇特，太阳系中最大的行星将成为新世界的矿山。

让我们逐一浏览一下这些方案，或许能把我们的思路拓宽。

第一个方案：迪森球。这是美国普林斯顿大学物理学家迪森提出的方案。未来的人类世界是半径1.5亿千米的中空球体，将太阳囊括在其中。这样一来，太阳辐射能可以说是点滴不漏了，在中空球的内球面上用绿色植物或光电池把太阳能截留住。迪森球的外表面积是地球的10亿倍。人类就居住在球内，这里有地球、类地球、小行星，或人造行星。也有成千上万个形形色色的生命点。这一切都得靠木星解囊相助。迪森的取料设想是用离心力把木星拉散架。木星是个气态行星，自转一周的时间约10小时。在木星周围修建一个硕大无比的金属网，用太阳能发电的能力使网带电，从而产生巨大的力量最终得到所需材料。取自木星的材料即可用于建造迪森球球壳和人造行星及形形色色的生命点。这样庞大的世界，可供几万亿人居住得舒舒服服。

这个规划与其说是实践性的，勿宁说是可行性的。因为有的科学家认为，这个设想也许需4万年才能实现。然而也有一些科学家不这么看，他们认为，只要在人类能研制出一种核弹而把木星炸毁，改造世界的工程便可开始。有人甚至说，迪森球工程业已破土，据说就是人造卫星、星际探测船已经上天，第一个空间站也表明人类的设计比大自然的创造更高效。

第二方案：环形世界。这是一个像水平转动着的无辐条车轮一样的环形世界，太阳位于轮壳中央，球半径也是1.5亿千米，环的厚度不到1千米，转速达每秒1 200千米。为了防止大气逃逸，可能需在环边建筑一道高达1 600千米高的山脉或墙壁。为了模拟生命已习惯了的白天与黑夜的变化，在靠近太阳的周围将另建一道环，环上交替地出现透光带和不透光带，以达到白天、黑夜的效果。人类在这方面还可以玩点新花样，比如随心所欲地创造出白天长短，又可创造出各种季节变化。这个方案比起第一个方案来的优点是用料较省，因而不用过多地麻烦朱庇特。此外，迪森球内可能没有重力，需创造出模拟重力，而环形世界由于环的自身则不需模拟重力，尽管这个世界中的重力是指向环外的。

第三个方案：阿尔德森盘。这是美国喷气推进器试验室的 D·阿尔德森构思的方案。盘形世界的外观就像是个留声机唱片，太阳位于其中心，重力垂直于盘的表面（除开盘边之外）。盘的南缘处也需修筑一道1 600千米高的墙，以防太阳把新世界的大气吸走。

今天看来，这些方案太像是神话。但是，构思这类方案的人都是未来学家，所以这些设想不是无源之水，无本之木。

也许人类将来能够用巨大的激光炮把太阳改造成可控的超新星，让太阳内部的核反应加速，为地球收获更多的能量。也许人类有更宏伟的进展，创造出一个超球体世界，将银河系的中心包容起来。

其实，这仅仅是假想而已，实现它需要走很多很多的路。

## 知识点

### 光电池

光电池是一种特殊的半导体二极管，能将可见光转化为直流电。有的光电池还可以将红外光和紫外光转化为直流电。光电池是太阳能电力系统内部的一个组成部分。光电池的种类很多，常用有硒光电池、硅光电池和硫化铊光电池、硫化银光电池等。主要用于仪表，自动化遥测和遥控方面。有的光电池可以直接把太阳能转变为电能，这种光电池又叫太阳能电池。太阳能电池作为能源广泛应用在人造地球卫星、灯塔、无人气象站等处。

### 阿联酋兴建"太阳城"

2008年1月21日,在阿联酋首都阿布扎比举行的"世界未来能源峰会"(WFES)上,东道主首次向世人展示了即将兴建的全球最环保城市、有着"太阳城"之称的马斯达尔市的模型。负责设计这座城市的是英国现代派建筑大师诺曼·福斯特。

虽然阿联酋是世界第五大石油出口国,但马斯达尔城不会使用一滴石油。据了解,城区内外将建有大量太阳能光电设备,还有风能收集、利用设施,这样就能充分利用丰富的沙漠阳光和海上风能资源。"太阳城"建成后,城市周边的沙漠中将布满无数太阳能光电板和反光镜,可以把太阳能转化为电能。另外,城市周围将种植棕榈树和红树林,形成一个环城绿色地带,在改善环境的同时,这些树木可以提供制造生物燃料的原料。在未来,竖立在大海与沙漠之间的众多大型风车也将成为这里一道独特的风景。

## 地球的身世之谜

关于地球的起源问题,已有相当长的探讨历史了。在古代,人们就曾探讨了包括地球在内的天地万物的形成问题,在此期间,逐渐形成了关于天地万物起源的"创世说"。其中流传最广的就是《圣经》中的创世说。在人类历史上,创世说曾在相当长的一段时期内占据了统治地位。

自1543年波兰天文学家哥白尼提出了日心说以后,天体演化的讨论突破了宗教神学的桎梏,开始了对地球和太阳系起源问题的真正科学探讨,而各种假说也流传开来。

康德于1755年和拉普拉斯于1796年各自提出关于太阳系起源的星云学说。这两种星云说的基本论点相近,认为太阳系内一切天体都有形成的历史,都是由同一个原始星云按照客观规律——万有引力定律逐步演变而成的。康德和拉普拉斯星云说否定了牛顿的神秘的"第一推动力",第一次提出了自然界是不断发展的辩证观点,因而在形而上学的僵化的自然观上打开了第一个缺口,这是从哥白尼以来天文学取得的最大进步。康德的学说侧重于哲理,而拉普拉斯则从数学和力学上进行论述。拉普拉斯的科学论述加上他在学术界的威望,使星云说在19世纪被人们普遍接受。由于科学发展水平的限制,这两种星云学说也有一些缺点和错误。

此后又出现了"潮汐说",也称碰撞说或遭遇说。这种假说认为,当类似太阳的恒星偶然通过太阳附近时,会产生类似地球受月球影响而生的潮汐现象。也就是说,由于受到恒星接近时引力作用的影响,双方星体的构成物质会向外迸出。由于太阳迸出的物质构成了水星、金星、地球和火星,而路过的恒星迸出的物质则构成了木星、土星、天王星、海王星和冥王星。然而令人怀疑

地 球

的是,从恒星迸出的物质有可能凝固成星体吗?更何况两个星球如此接近的机会少之又少,所以潮汐说虽曾流行一时,最后还是被舍弃。

针对潮汐说又出现了"双星说"。此假说认为,太阳原本并非单独的星球,而是带着伴星的双星。在宇宙中,这种两个或两个以上的星体互相保持力作用的双星数目约10%,因此,通过太阳附近的恒星和伴星之间就会出现潮汐现象。换句话说,行星并非由太阳诞生,而是伴星和通过太阳附近的恒星的后代。然而,从理论上可以证明行星不可能由太阳、伴星或恒星迸裂出来的气体冷却凝固而成。

1949年,"原始行星说"又出现了。此假说认为,在宇宙中的某些部分,气体或宇宙尘特别浓厚,这些气体与宇宙尘冷却后再在太阳四周环绕时,因速度或密度的差异,旋转的圆盘体部分就会产生旋涡。其中大的旋涡吸收了小的

旋涡，并形成沉淀而集积物质。这种集合物质就是行星的基本物质（原始行星）。换句话说，地球等行星并非由热气体集合、凝固而成，而是由氢、氮、冷却的尘粒或硅酸等聚合而成。

随后又出现了"陨石说"，认为当原始的太阳经过宇宙尘特别浓厚的部分时，由于吸收了大量的宇宙尘、气体、陨石等，便在四周形成星云。当星云循椭圆形轨道绕行太阳时，陨石和陨石之间就会反复互相冲撞。如此，椭圆形轨道渐渐改变形态而趋于圆形，同时星云本体也逐渐变成扁平的形状。此时，陨石间的冲撞会更加激烈，使分布密度失去均衡；而由于重力产生强大的凝聚作用，就形成了大型的行星。此说以为，太阳和行星物质的起源并不相同，由此说明了行星公转速度较太阳自转速度快的道理。然而，此说也有缺点，比如太阳通过宇宙尘浓厚处的可能性，以及比太阳小的行星因重力所引起的凝聚作用，二者都同样令人置疑。

多种假说都各有道理，却又各有缺点，而现在对地球起源较流行的看法是：地球作为一个行星，远在46亿年以前起源于原始太阳星云。同其他行星一样，它经历了吸积、碰撞这样一系列的共同物理演化过程。地球胎形成伊始，温度较低，并无分层结构，只有由于陨石物质的轰击、放射性衰变致热和原始地球的重力收缩，才使地球温度逐渐增加。

随着温度的升高，地球内部物质也具有越来越大的可塑性，且有局部熔融现象。这时，在重力作用下，物质分离开始，地球外部较重的物质开始逐渐下沉，地球内部较轻的物质逐渐上升，一些重的元素（如液态铁）逐渐沉到地球中心，形成了一个密度较大的地核（地震波的观测表明，地球外核是液态的）。物质的对流伴随着大规模的化学成分，最后地球就逐渐形成今天的地壳、地幔和地核等层次。

而到了地球演化早期，原始大气逃逸殆尽。伴随着物质的重新组合和分化，原先在地球内部的各种气体开始上升到地表，成为第二代大气。再后来，由于绿色植物的光合作用，进一步发展成为现代大气。另一方面，地球内部温度升高，使内部结晶水汽化。随着地表温度的逐渐下降，气态水经过凝结、降雨落到地面形成水圈。约在三四十亿年前，地球上开始出现单细胞生命，然后逐步进化为各种各样的生物，直到人类这样的高级生物出现，构成了一个生物圈。

当然，这种说法也只是推测，还没有具体的证据。不过，随着人们认识水平的提高和科技水平的进步，人类对地球的形成认识将越来越深入和趋向统一。

### 哥白尼

哥白尼（1473—1543）出生于波兰。18 岁时就读于波兰旧都的克莱考大学，学习医学期间对天文学产生了兴趣。1496 年，哥白尼来到意大利，在博洛尼亚大学和帕多瓦大学攻读法律、医学和神学，博洛尼亚大学的天文学家德·诺瓦拉对哥白尼影响极大，在他那里哥白尼学到了天文观测技术以及希腊的天文学理论。哥白尼由于医术高明而被人们誉为"神医"。哥白尼成年的大部分时间是在费劳恩译格大教堂当一名教士。哥白尼的天文成就是在业余时间完成的。40 岁时，哥白尼提出了日心说，并经过长年的观察和计算完成他的伟大著作《天球运行论》。哥白尼的"日心说"沉重地打击了教会的宇宙观，这是唯物主义对唯心主义斗争的伟大胜利。

### 太阳是诱发地震的元凶吗

地震是地壳板块错动、断裂、滑移或火山爆发引起的，这似乎是没有疑问的了。人们很想知道，地壳在什么时候或者为什么发生上面提到的各种变形。女科学家玛莎·亚当斯通过实验，提出了一个见解：诱发地震的罪魁祸首是太阳。

当太阳产生耀斑时，温度达 2 000 万℃，爆发能量相当于百万吨级的氢弹。耀斑发射辐射能，电磁场携带高能粒子冲击地球，会使地壳的许多岩石产生受压放电和伸缩现象，使积聚着巨大应力的断层发生共振。其结果，就会发生板块的错动、断裂或滑移，从而诱发了地震。

这一见解，引起科学家们尤其是地震工作者的重视。玛莎的结论是在实验室得出的"太阳耀斑发生后4天，通常有地震发生"的结论，还需要大量统计资料予以支持。如果玛莎的结论能够成立，将大大提高地震预报的准确率。那时，地震站除了测地，还要"观天"——观察太阳耀斑了。

人们期待着太阳是否真的是诱发地震元凶的谜团早日解开，这样将使人类能最大限度地减少地震造成的损失。

## 奇怪的地球磁场逆转

在过去的1.6亿年中，地球的磁场经常发生倒转，地磁南极变成地磁北极、地磁北极变为地磁南极的事件频繁发生。

地球磁场逆转是全球科技界共同关注的重大课题，那么，地球磁场为什么会倒转呢？

为了解释地球磁场为什么会倒转，美国科学家提出了一个假说，这个假说认为，地球磁场倒转是地核与地幔边界处的物质的"大雪崩"造成的。

地球的地核分成内地核和外地核两部分，内地核是固态的铁芯，如月球般大小；外地核则是液态的铁，如火星般大小。地核之上的地幔层由密度很大的岩石组成，它和固态的铁芯把液态的外地核夹在中间。在液态的外地核与岩石质的地幔之间是不规则的边界面，也有地形的起伏，这和地球表面起伏不定的地貌类似。

多数地质学家认为，地球的磁场产生于外地核液态铁的对流，液态的铁流动起来，相当于电流的性质，而电流能够产生磁场，外地核的物质对流可能是由于铁在内地核表面结晶所导致的。地下5 000千米深的地方，是内地核与外地核的交界处，在这里，外地核液态的铁时时结晶为固态。在这个过程中，液态铁里含有的一些密度轻的成分，比如氧、硫和硅，被释放并上升到距离地面2 900千米深的核幔边界处。核幔边界处的温度比内地核表面低1 000℃左右，因此那些轻的成分在核幔边界冷却，并浓缩成泥泞的沉积物。每100万年大概会堆积出几十米厚的沉积层,这些沉积物向上"落"在地幔下表面不平坦的地形上。由于核幔边界的地形起伏不定,有的地方比较陡峭,沉积物甚至会沿着斜坡滑动。

在轻密度沉积物上升的过程中,沿途会使外地核的液态铁向内地核的方向流动,碰到坚固的内核后,液态铁流又会返回。科学家猜测,铁流的往返运动使地球出现了磁场,在正常时期,磁场是稳定的。

沉积物的积累和滑落过程每时

地球创意图

每刻都在发生,液态铁流的往返运动同样也是每时每刻都在发生,但是地球磁场的倒转却并不是那么频繁的。因此,地下铁流和沉积物正常的上升和下落并不会强烈地改变地球磁场,只有那些剧烈的地下物质"大雪崩",才会使地下发生翻天覆地的变化,导致地球磁场发生混乱,甚至出现磁场的倒转。上涌的物质流还会加热地核之上的地幔,让一些岩浆奔涌到达地球表面,形成大面积的火山岩。

另一些科学家认为,小行星撞击地球是地磁倒转的根本原因。

小行星撞击地球会带来生物大灾难。人们发现,伴随着小行星的撞击,地下岩浆会喷涌出来,形成面积广大的玄武岩。撞击是如何使地下物质以岩浆的形式喷出,形成玄武岩覆盖地球表面的呢?科学家认为,小行星或彗星撞击地球后,核幔边界处的沉积物被震荡,热的铁流会在某些薄弱处与地幔接触,迅速加热地幔物质,产生的岩浆上升到地壳的缝隙处,喷涌上来形成大面积的玄武岩。小行星或彗星倾斜地撞击到地球上,使地球磁场在几千年中崩溃,撞击甚至造成了地下物质上百万年的震荡,导致地球磁场缓慢地重建,地球磁极再次形成,发生了倒转。

有些学者质疑,引起恐龙灭绝的星体撞击事件确实曾伴随着印度德干高原的大面积的玄武岩的出现,但是当时却并没有发生地磁的倒转,这又该如何解释呢?

科学家认为,原因很简单,6 500万年前的那次撞击是一次直立撞击。

造成恐龙绝灭的那颗星体撞到了中美洲尤卡坦半岛上,形成了一个大型的撞击坑。地质研究显示,尤卡坦半岛的大型撞击坑确实是直立撞击的产物。直立撞击不会在地幔和地核边界产生水平方向的分力,因此无法造成沉积物大雪崩,也就不会出现地磁倒转。而倾斜撞击则不同,一次大的倾斜撞击将强烈地影响核幔边界的沉积物状态,引发地磁倒转。

在地球磁场倒转的历史记录中,有一个被称为"漫长沉寂"的时期,这个时期从距今1.2亿年开始,持续了3 500万年,一次地磁倒转也没有发生过。在这个时期结束后,地磁倒转再次出现,而且又开始频繁发生,就像正常的时候一样。对这个反常的现象在提出"假说"以前无法作出合理的解释。

漫长沉寂说明地下沉积物不发生大雪崩,表明此前必定有一次剧烈的撞击"消耗"了大量的沉积物。在沉积物大雪崩导致地磁倒转后,由于沉积物的积累需要一定的时间,没有聚集足够的沉积物,即使发生星体撞击地球的事件,也不可能再次引发大雪崩,所以导致长时间根本没有地磁倒转的情况。因此,在漫长正常时期开始前,应该有一次剧烈的撞击事件,而且伴随着撞击事件,应该有岩浆涌出,形成大面积的玄武岩。

地球磁场为什么会倒转呢?直到今天,科学家们还没有定论。

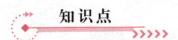

## 恐 龙

恐龙是指生活在距今大约2.35亿年至6 500万年前的一类爬行类动物,支配全球生态系统超过1.6亿年之久。一般认为大多数恐龙已经全部灭绝,仍有一部分适应了新的环境被保留下来如鳄类龟鳖类;还有一部分沿着不同的进化方向进化成了现在的鸟类和哺乳类(包括我们人类)。恐龙的全称是恐怖的蜥蜴,是一群中生代的多样化优势脊椎动物,大多数属于陆生,也有生活在海洋中的(如鱼龙),也有占据天空能飞翔(如翼龙)的爬行动物。对于恐龙的灭绝,众说纷纭,莫衷一是。

延伸阅读

### 信鸽识途的奥秘

美国北卡罗莱纳大学的生物学专家卡杜拉·诺拉博士在实验室里进行了一系列细致的行为试验后宣布,他们首次明确证明鸽子具有磁性感知能力,就像简易的磁性罗盘,这让鸽子也许还有其他鸟类和海龟一样,是利用地球磁场进行导航的。对鸽子的这种研究是诺拉在新西兰的一项博士研究课题,有关这一研究的报告发表在2004年11月25日的《自然》杂志上。

现在科学家比较一致的看法是,包括鸽子等鸟类可以通过本地的地球磁场,来确定自己的绝对位置和相对位置。从地球的两个磁极发出的磁力线,在两极地区是垂直的,到了南北回归线之间的地区,转为平行。在高纬度地区,地球磁力非常强;而在赤道地区,就会弱一些。由于磁力大小和方向的不同,形成了一个个地磁路标。

进一步的研究发现,鸟类确定方向是综合多种线索和感觉的。更为有趣的是,随着环境的变化,鸟类可以非常适宜地调整自己的方向决策系统。例如,鸽子在晴天会用太阳作为罗盘,但是当太阳不可见时,它们就主要参考感应到的地磁信号了。那些在黎明和黄昏时分行动的候鸟,例如知更鸟,很有可能是通过日出和日落时的偏振光来确定方向的。

## 月球的身世之谜

在科学的概念里,月球是地球唯一的天然卫星,围绕着地球奔腾不息地回旋。40多亿年来,它从未离开过地球的身旁,是地球最忠实的伴侣和最富有神话色彩的近邻。然而,这位地球最忠实的伴侣是什么时间产生的?又是如何演化的?这一直是科学家们苦苦探寻的问题。虽然20世纪60年代美国"阿波罗"11号宇宙飞船登上了月球,但关于月球的谜仍是有增无减,其中最大的谜就是月球的起源。

100多年来，曾有多种有关月球起源与演化的假说，但至今仍众说纷纭，难以形成一个统一的说法。这些月球成因学说争论的焦点在于：月球是与地球一样，在太阳星云中通过星云物质的凝聚、吸积而独立形成，还是由地球分裂出来的一部分物质形成？月球形成时就是地球的卫星，还是在后期的演化中被地球俘获而成为地球卫星的？

不论任何有关月球的起源的假说，都必须符合以下的基本事实，那就是"月球是地球唯一的卫星，月球的公转是围绕地月系质量的质量中心旋转，月球的公转平面与地球的赤道面不一致；月球的质量约为地球的1/81，平均密度为$3.34g/cm^3$，只有地球平均密度的60%；月球与地球的平均成分差异很大，却比地球富含难熔元素，匮乏挥发性元素和亲铁元素；月球比地球缺水，比地球还原性强；月球内部也有核、幔、壳的圈层状结构；月球表面岩石的年龄一般均大于31亿年，表明月球的演化主要是在其形成后的15亿年内进行的；月球现今仍是一个内能接近枯竭而活动近于僵死的天体。

鉴于月球是一颗颇有特色的天然卫星，因而有人认为它可能是一个有特殊起源的天体。

太阳系起源的星云假说提出的同源说认为：同行星是原始太阳星云收缩演化形成的那样，卫星则是行星在收缩时形成的，是行星形成过程在小规模上的重复。

美丽的月夜

不过，科学家认为这种看法是片面的，因为卫星系形成与行星系形成有某些相似之处，但决不是行星形成的重演。木星、土星周围都存在着不规则卫星，就是一个有力的佐证。

其次，既然

月球和地球有相同的起源，那为什么地球的平均密度是 $5.52g/cm^3$，而月球仅为 $3.34g/cm^3$？

同源说在解释为何月球有一个与地核相比却存在如此之小的金属核时也总是遇到麻烦。为了克服这些困难，同源说又认为月球形成时间比地球稍晚，地球形成时已把含铁等金属元素较多的尘粒聚集成原始地球，月球则是由残余在原始地球周围的含金属较少的尘粒聚集成的。但这种解释似乎也是证据不足。

有人根据月球平均密度与地球表层地幔的平均密度相当，以及存在太平洋巨大凹陷的事实，提出月球是在地球处在熔融状态时分裂出去的，这就是"分裂说"。

持这种学说的人认为，早期地球自转很快，约每 4 时转一圈。与此同时，太阳对地球的潮汐作用与当时地球摆动的周期相等，造成共振。于是，地球赤道部分隆起，以致最终有一小块被抛出演化成月球。

可是如果真的如此的话，那么月球应当在地球的赤道面围绕地球公转了。但月球的公转平面（白道面）与地球赤道面之间却有 28°35′ 的夹角。而且根据计算表明，地月系统的全部角动量也不足以使地球分裂，地球必须每 2.5 小时自转一周，才能通过离心力作用抛出形成月球的物质。即使把能补充角动量的事件——直径大到几百千米的星子的撞击——包括在内，也无济于事。

由此可见，分裂说也难以成立。

持这个假说的人认为，很久以前，在地球轨道附近的小行星或在火星区域的一个天体，偶然被地球俘获，就成为今天的月球。不过月球刚被地球俘获时是绕地球逆行的，由于地球长期对它的潮汐摩擦作用，月球才逐渐接近地球。在此期间，月球把地球原来的几个小卫星都一个个吞下去，形成了月瘤；或与小卫星碰撞，形成月面上的大凹地。潮汐摩擦作用到一定程度，月球从逆行变成顺行，然后逐渐离开地球。

显然，俘获说可以比较科学地解释月球在密度、化学组成上与地球的差别。但是，地球要捕捉这样大的月球几乎是不可能的。就算捕捉到了，也会引起地球上起潮力的巨大变化，而这必定会在地球上留下痕迹，但至今仍没有找到这类痕迹。而科学家通过对月球样品的分析，表明月球和地球具有近似数量的各种氧同位素，这说明两者很可能同根。如果月球在太阳系内的别处形成，那它很可能会具有与地球不同的氧同位素组成。这也等于否定了俘虏说的可能性。

同源说、分裂说和俘虏说均有捉襟见肘的缺点。1975年，哈特曼等人首先提出大碰撞假说。

这个假说认为：大约距今45亿年前，有一颗质量约为地球质量1/7的飞来星体与当时的地球发生极其猛烈的碰撞，原地球与飞来星体的一部分被撞碎了，并汽化溅出。原地球的大部分与飞来星体的大块重新组合，成为一个新的地球。而那些飞到外部空间的溅射体，由于受到地球引力的作用，速度越来越小，最后聚拢到一起，并绕地球转动，这就形成了月球。而由于月球主要是由飞来星体的幔与少部分地幔物质组成的，所以它的平均密度较低，与地球上部地幔的平均密度相近。

按照该假说，月球公转的轨道不一定要与地球赤道面重合的。大碰撞时产生约7 000℃的高温，会使易挥发的元素逃逸到宇宙空间中去，留下较多的难熔的元素，因此月球富含钙、铝、钛、铁、铀等元素，而缺少钠、钾、铅、铋等挥发性元素。后来，科学家通过分析阿波罗登月带回的岩石样品，测得月球平均元素的组成，并与地壳相比较，发现与预料基本相符。

科学家根据大碰撞理论进行了模拟计算，重现了两星体从碰撞到分离又各自聚合的全过程，并适当调整飞来星体的质量，也得到了与实际比较符合的结果。不过，这并不能说明大碰撞的观点就是正确的，具体证据还需要科学家进一步研究和探索。

## 知识点

### "阿波罗"11号宇宙飞船

"阿波罗"11号宇宙飞船由指挥舱、服务舱和登月舱3个部分组成。指挥舱：宇航员在飞行中生活和工作的座舱，也是全飞船的控制中心。指挥舱为圆锥形，高3.2米，重约6吨。指挥舱分前舱、宇航员舱和后舱3部分。服务舱：前端与指挥舱对接，后端有推进系统主发动机喷管。舱体为圆筒形，高6.7米，直径4米，重约25吨。登月舱：由下降级和上升级组成，地面起飞时重14.7吨，宽4.3米，最大高度约7米。

### 阿波罗登月

阿波罗11号是美国国家航空航天局的阿波罗计划中的第五次载人任务,是人类第一次登月任务,3位执行此任务的宇航员分别为指令长阿姆斯特朗、指令舱驾驶员迈克尔·科林斯与登月舱驾驶员巴兹·奥尔德林。

7月21日2点56分,鹰号降落6.5小时后,阿姆斯特朗扶着登月舱的阶梯踏上了月球,说道:"这是我个人的一小步,但却是全人类的一大步(That's one small step for a man, one giant leap for mankind.)"奥尔德林不久也踏上月球,两人在月表活动了两个半小时,使用钻探取得了月芯标本,拍摄了一些照片,也采集了一些月表岩石标本。他们还放置了许多科学仪器,比如月面激光测距实验使用的反射器阵列等。他们留在月面上的还有:一面美国国旗和一个纪念牌(安置在登月舱下降级爬梯上),纪念牌上画有两幅地球的图像(东半球和西半球)、题字、宇航员的签名和理查德·尼克松的签名。纪念牌上的题字为:公元1969年7月,来自地球的人类第一次登上月球,我们为全人类的和平而来。

## 月球是空心的吗

地理、天文常识告诉我们,自然形成的天体几乎都是实心的,只有人造天体、卫星、宇航器才可能是空心的。天体究竟是空心还是实心,当然我们不能用天秤去称,也不能用阿基米德浮力定理将之放入海洋中去称量。唯一的办法就是用更为先进的仪器手段去测量(比如测量共振频率,共振时间持续长短,或用无线电波探测等方法),下面我们来看看月球的实际情况。

1969年,在阿波罗11号探月过程中,当两名宇航员回到指令舱后3小时,"无畏号"登月舱突然失控,坠毁在月球表面。离坠毁点72千米处的早先放置的地震仪，记录到了持续 15 分钟的震荡声。如果月球是实心的，这种震波只能持续 3~5 分钟。欧、美报纸亦曾报道"月球钟声"，说登月舱在首次和以后几次起飞时，宇航员们听到钟声。那儿并无教堂，月球外壳（特别是背面）像是特种金属制品，整个月球犹如一口特大的铜钟！这一现象证明月球是空心的。

1969 年 11 月 20 日 4 点 15 分由"阿波罗"12 号制造了一次人工月震，其结果充分说明月球是中空的。细节如下：

美国宇航员以月面为基地设置了高灵敏度的地震仪，通过无线电波能将月震资料发送回地球。设在月面的地震仪十分精密，比在地球上使用的地震仪灵敏度高上百倍，它能测出人们在月面造成的震动的百万分之一的微弱震动，甚至能记录到宇航员在月面上行走的脚步声。人类首次对月球内部进行探测起于"阿波罗"12 号，当宇航员乘登月舱返回指令舱时，用登月舱的上升段撞击了月球表面，随即发生了月震。这使正在进行观测的美国航空航天局的科学家们惊得目瞪口呆：月球"摇晃"震动 55 分钟以上，而且由月面地震仪记录到的月面"晃动"曲线是从微小的振动开始逐渐变大的。从振动开始到消失，时间长得令人难以置信。振动从开始到强度最大用了七八分钟，然后振幅逐渐减弱直至消失。这个过程用了大约一个小时，而且"余音袅袅"，经久不绝。

"阿波罗"13 号人工月震获得长达 3 小时的振动。在"阿波罗"12 号造成"奇迹"后，"阿波罗"13 号随后飞离地球进入月球轨道，宇航员们用无线电遥控飞船的第三级火箭使它撞击月面。当时的撞击相当于爆炸了 11 吨 TNT 炸药的实际效果，撞击月面的地点选在距离"阿波罗"12 号宇航员设置的地震仪 140 千米的地方。

月球再次震撼了。如用地震学上的术语说："月震实测持续 3 个小时"。月震深度达 35.3~40.2 千米，月震直到 3 小时 20 分钟后才逐渐结束。这种"月钟"长鸣如果用"月球——宇宙飞船"假说来解释就很自然。这种月震就在预料之中。月球是一个表面覆盖着坚硬外壳的中空球体，如果撞击那个金属质的球壳，当然会发生这种形式的振动。

"阿波罗"13 号之后，进行月震实验的是"阿波罗"14 号的 S-4B 上升段，仍采用无线电遥控的方式使其撞击月面。月球像预料的那样再次震颤起来。据美国航空航天局的科学报告说，月球对撞击的反应就像一个铜鼓被敲击，振动持续了 3 个小时。

这次月震实验的地点距"阿波罗"14 号的宇航员设置的地震仪 173.7 千米远。当"阿波罗"14 号的宇航员们乘登月舱返回"小鹰"号指令舱时，"月钟"仍在震响。当时对月面撞击造成的效果相当于爆炸了 724.8 千克 TNT 炸药，振动足足持续了 90 分钟。

美国航空航天局的科学报告说："设在月面两个地点的地震仪都同时记录到撞击月面一瞬间的震动。这次小小的月震，开始了科学的新时代，不管是人为的还是自然的。"

"阿波罗"15 号在 14 号之后接着又做了人工月震试验。使用的地震仪是"阿波罗"12 号、14 号和 15 号的宇航员设在哈德利·亚平宁地区的 3 台地震仪。"阿波罗"15 号制造的月震，最远传到了距撞击地点 1 126.3 千米远的风暴洋。如果用同样的方式在地球上制造地震，地震波只能传播一两千米，也绝不会出现持续 1 小时之久的振动。这次月震甚至还穿过风暴洋到达设在弗拉·摩洛高地的地震仪。试验表明，地球（地表下由地壳和岩浆组成的实心体）在地震时所发生的反应与月球在发生月震时的反应是完全不同的。这显然是由于地球和月球的内部构造不同造成的。

几次人为的月震试验和根据月震记录分析，都得出了相同的结论：月球内部并不是冷却的坚硬熔岩。科学家们认为，尽管不能得出月球这种奇怪的"震颤"意味着月球内部是完全空洞的结论，但可知月球内部至少存在着某些空洞。如果把月震测试仪放置距离再远一些，就可得出月球完全中空的结论。

根据上述事实，前苏联天体物理学家米哈依尔·瓦西里和亚历山大·谢尔巴科夫大胆地提出"月球是空心"的假说，并在《共青团真理报》上指出："月球可能是外星人的产物。15 亿年以来，月球一直是外星人的宇航站。月球是空心的，在它的表层下存在一个极为先进的文明世界。"如果月球里面确实空心，且有外星人居住，则月球来到地球旁应比地球晚 25 亿～30 亿年。但这个结论还有待考核，因为从宇航员由月球上带回来的岩石标本看，又证明岩石中有 70 亿年前生成的证据，这比地球和太阳年龄（46 亿年）还古老。这里奥妙何在？尚待研究。

## 知识点

### 地震仪

地震仪是一种监视地震的发生，记录地震相关参数的仪器。东汉的张衡，于公元132年制成了世界上最早的"地震仪"——地动仪。第一台真正意义上的地震仪由意大利科学家卢伊吉·帕尔米里于1855年发明。第一台精确的地震仪，于1880年由英国地理学家约翰·米尔恩在日本发明，他也被誉为"地震仪之父"。这个精妙的装置有一根加重的小棒，在受到震动作用时会移动一个有光缝的金属板。金属板的移动使得一束反射回来的光线穿过板上的光缝，同时穿过在这块板下面的另外一个静止的光缝，落到一张高度感光的纸上，光线随后会将地震的移动"记录"下来。今天大部分地震仪仍然按照米尔恩的发明原理进行设计。

## 延伸阅读

### 月亮为何成了"独生女"

为什么地球不像木星、土星那样有庞大的卫星系统？即使比不上巨行星，可为什么还比不上比它小得多的火星？火星还有两颗卫星呢！

一些科学家也为此"不平"。他们认为，地球当初可能有过许多卫星。主张月亮"俘获说"的一派科学家认为，在地球抓获月球之前，月球自己也是儿子成群，有十来颗较小的卫星在周围绕转，可是当月球被地球俘虏之后，它在绕地球运动的过程中对这些原来的小卫星进行了"扫荡"，把它们一个个鲸吞殆尽。这些小卫星落入月球之内，变成一个个至今尚在的"月瘤"。

这个观点是否正确，目前很难下结论，因为7亿年前的地球及地球的天空状况，是不易找到观测依据的。何况，月亮"俘获说"，本身还有待于继续论证呢。

## 登月之后更迷惑

月球，跟随地球不知多少年了？也许地球上还没有人类之前，它就在天天看着地球。以前，大家都说月亮里有一座广寒宫，住着一位古代美女——嫦娥和一只玉兔，还有一位天天在砍伐桂树的吴刚。然而，1969年7月20日，美国"阿波罗"11号宇宙飞船登陆月球，没有看到广寒宫，也没有找到嫦娥和玉兔，更没有桂树和吴刚，于是许多人的美丽幻想成为科学的失望。但是，至今，航天员登陆月球已有几十年了，人类对月球的了解并没有增加，反而由于从航天员留在月球上的仪器得到更多的不解数据，让科学家越来越迷惑。每当夜晚抬头望向月球之时，产生既熟悉又陌生的复杂情绪。

### 鸡蛋形月亮

月亮并不是圆的（或说球形的）。它的形状更像是个鸡蛋（或说椭球体）。当你在夜空中举头望月时，它那鸡蛋形的两个尖端之一就正对着你。另外，月球的质量中心并不在其几何中心，它偏离中心大约有1.6千米。

### 月球从地球偷能量

地球上的潮汐现象多数是由月亮引起的（太阳的作用稍小一点）。潮汐的秘密是这样的：由于月亮绕着地球旋转，地球上的海洋受到月球的引力牵引作用，面对月亮的那一面就出现高潮。而与此同时，地球上远离月球的另一面也出现另一个高潮，这是因为月球对地球本身的引力牵引作用大于对其水体的作用，从而使另一面的海水向外"鼓"而造成的。

在满月和新月时，太阳、月亮和地球都在一条线上，这时形成的潮异乎寻常的大，我们称之为"朔望大潮"。而当月亮在最初的和最后的1/4月牙时，较小的小潮就形成了。月球以27.3天的周期环绕地球的轨道并不是一个规则的圆形，当月亮到达离地球最近处（我们称之为近地点）时，朔望大潮就比平时还要更大,这时的大潮被称为近地点朔望大潮。

所有这些牵引现象还产生了另外一个有趣的作用:通过牵引,地球的自转能量被月球一点点地"偷"走了,因此每100年我们的星球自转周期就要减慢1.5毫秒。

### 另外的月亮叫"克鲁特尼"

月亮是地球唯一的天然卫星,对吗?或许不是这样的。1999年,科学家们发现了处在地球引力控制范围内的另外一颗小行星,其宽度为8千米,它成了地球的另一颗卫星。

这颗小行星被称为克鲁特尼,它沿着一条马蹄形的轨道行进,绕地球一周大约要花770年的时间。科学家们认为,它像这样在地球的上方悬吊的状态还能够保持至少5 000年。

### 环形山未受侵蚀

月亮上坑坑洼洼的表面是在距今38亿~41亿年前受到宇宙中岩石的强烈撞击而形成的。这一通强烈的岩石冲击远远胜过拳击沙袋所承受的频频打击,留给月亮的是遍体的坑洞,我们称之为环形山。但是这些环形山并没有受到多大的侵蚀,这主要有两个原因:其一,月亮的地质活动不太活跃,因此这里无法像地球上那样由地震、火山爆发和造山运动而形成千变万化的地形地貌;其二,由于月球几乎没有大气层,也就没有风和雨,因此表面侵蚀作用就很少发生。

### 不可能存在的金属

月球陨石坑有极多的熔岩,这不奇怪,奇怪的是这些熔岩含有大量的地球上极稀有的金属元素,如钛、铬、钇等等,这些金属都很坚硬、耐高温、抗腐蚀。科学家估计,要熔化这些金属元素,至少得在两三千摄氏度以上的高温,可是月球是太空中一颗"死寂的冷星球",起码30亿年以来就没有火山活动,因此月球上如何产生如此多需要高温才能熔化金属元素的呢?

而且,科学家分析航天员带回来的380千克月球土壤样品后发现,其中竟含有纯铁和纯钛,这在自然界是不可能的,因为自然界不会有纯铁矿。这些无法解释的事实表示了什么？表示这些金属不是自然形成的，而是人为提炼的。那么问题就来了，是谁在什么时候提炼了这些金属的呢？

### 年龄之谜

令人惊异的是，经分析从月球带回的岩石标本，发现其中99%的年龄要比地球上90%年龄最大的岩石更加年长。阿姆斯特朗在"寂静海"降落后捡起的第一块岩石的年龄是36亿岁，其他一些岩石的年龄分别为43亿岁、46亿岁和45亿岁——它几乎和地球及太阳系本身的年龄一样大，而地球上最古老的岩石是37亿岁。1973年，世界月球研讨会上曾测定一块年龄为53亿岁的月球岩石。更令人不解的是，这些古老的岩石都采自科学家认为是月球上最年轻的区域。根据这些证据，有些科学家提出，月球在地球形成之前很久很久便已在星际空间形成了。

### 土壤的年岁比岩石年岁更大之谜

月球古老的岩石已使科学家束手无策，然而，和这些岩石周围的土壤相比，岩石还算是年轻的。据分析，土壤的年龄至少比岩石大10亿年。乍一听来，这是不可能的，因为科学家认为这些土壤是岩石粉碎后形成的。但是，测定了岩石和土壤的化学成分之后，科学家发现，这些土壤与岩石无关，似乎是从别处来的。

### 地球400棵树来自月球

在地球上，有超过400棵树是从月亮上来的。更准确地说，它们来自月球轨道。其实事情是这样的：1971年，阿波罗14号的宇航员斯图尔特·鲁萨在出发时随身带上了一包种子，当他的同伴阿兰谢·帕德和埃德加·米切尔忙着在月亮表面漫步行走时，鲁萨却小心看护着他的种子。

后来，这些种子在地球上发了芽，它们被种在美国国内许多不同的地点，并被人们称为月亮树。它们中大多数都长得很好。

### 不锈铁之谜

月面岩石样其中还含有纯铁颗粒，科学家认为它们不是来自陨星。前苏联和美国的科学家还发现了一个更加奇怪的现象：这些纯铁颗粒在地球上放了7年还不生锈。在科学世界里，不生锈的纯铁是闻所未闻的。

### 放射性之谜

月亮中厚度约13千米的表层具有放射性，这也是一个惊人的现象。当"阿波罗15号"的宇航员们使用温度计时，他们发现读数高得出奇，这表明，亚平宁平原附近的热流的确温度很高。一位科学家惊呼："上帝啊，这片土地马上就要熔化了！月球的核心一定更热。"然而，令人不解的是，月心温度并不高。这些热量是月球表面大量放射性物质发出的，可是这些放射性物质（铀、铊和钚）是从哪里来的？假如它们来自月心，那么它们怎么会来到月球表面？

### 干燥的大量水汽之谜

最初几次月球探险表明，月球是个干燥的天体。一位科学家曾断言，它比"戈壁大沙漠干燥100万倍"。"阿波罗"计划的最初几次都未在月球表面发现任何水的踪迹。可是"阿波罗15号"的科学家却探测到月球表面有一处面积达260平方千米的水汽。科学家们红着脸争辩说，这是美国宇航员丢弃在月亮上的两个小水箱漏水造成的。可是这么小的水箱怎能产生这样一大片水汽？当然这也不会是宇航员的尿液——它直接喷射到月球的天空中。看来这些水汽来自月球内部。

### 表面呈玻璃状之谜

"阿波罗"的宇航员们发现，月球表面有许多地方覆盖着一层玻璃状的物质，这表明，月球表面似乎被炽热的火球烧灼过。正如一位科学家所指出的："月亮上铺着玻璃。"专家的分析证明，这层玻璃状物质并不是巨大的陨星的撞击产生的，有些科学家相信，这是太阳的爆炸（某种微型新星状态）产生的后果。

### 磁场之谜

早先探测和研究表明月球几乎没有磁场，可是对月球岩石的分析却证明它有过强大的磁场。这一现象令科学家大惑不解，保罗·加斯特博士宣称："这里的岩石具有非常奇特的磁性……完全出乎我们意料。"如果月球曾经有过磁场，那么它就应该有个铁质的核心，但可靠的证据显示，月球不可能有这样一个核心而且月亮也不可能从别的天体（诸如地球）获得磁场，因为假如真是那样的话它就必须离地球很近，这时它会被地球引力撕得粉碎。

### 神秘的"物质聚集点"之谜

1968年，围绕月球飞行的探测器首次显示，月球的表层下存在着"物质聚集结构"。当宇宙飞船飞越这些结构上空时，由于它们的巨大引力，飞船的飞行会稍稍低于规定的轨道，而当飞船离开这些结构上空时，它又会稍稍加速，这清楚地表明着物质聚焦结构的存在，以及它们巨大的质量。科学家们认为，这些结构就像一只牛眼，由重元素构成，隐藏在月球表面"海"的下面。正如一位科学家所称，谁也不知道该如何来对付它们。

## 知识点

### 阿姆斯特朗

阿姆斯特朗（1930—），人类历史上第一个登上月球的人。1930年8月5日出生在美国的俄亥俄州，1947年入普渡大学学习，1955年毕业获得航空工程学学士。在成为宇航员之前，阿姆斯特朗曾作为飞行员服役于美国海军，参加过朝鲜战争。此后，他担任过美国国家航空咨询委员会高速飞行器的测试飞行员，他曾在多种飞行器上执行超过900次的飞行任务，而且做得很完美。他第一次太空任务是1966年执行的双子星8号的指令长。1969年7月他乘坐阿波罗11号飞船登上了月球。1970年，他被南加利福尼亚大学授予航空工程硕士学位，出版《首次登上月球》一书。7月出任太空总署航空学协会副会长。1971年，在俄亥俄州的辛辛那提大学工作，任航空工程学教授。1985年，在国家太空委员会工作。

### 嫦娥奔月的民间传说

相传很久以前，羿到山中狩猎，在一棵月桂树下遇到嫦娥，二人便以月桂树为媒，结为夫妻。到了帝尧的时代，天上出现了 10 个太阳，烧焦了庄稼，烤死了草木，人民没有了食物。同时猰貐、凿齿、九婴、大风、封豨、修蛇等也开始危害百姓。于是帝尧命令羿将凿齿处死在畴华之野，将九婴诛杀于凶水之上，将大风战败于青邱之泽，射下九日，杀死猰貐，将修蛇斩于洞庭，在桑林逮住封豨。万民欢喜，拥戴尧为天子。后来，羿从西王母那里得到了不死药，交给嫦娥保管。逢蒙听说后前去偷窃，偷窃不成就要加害嫦娥。情急之下，嫦娥吞下不死药飞到了天上。由于不忍心离开羿，嫦娥滞留在月亮广寒宫。广寒宫里寂寥难耐，于是就催促吴刚砍伐桂树，让玉兔捣药，想配成飞升之药，好早日回到人间与羿团聚。羿听说嫦娥奔月之后，痛不欲生。月母为二人的真诚所感动，于是允许嫦娥每年在月圆之日下界与羿在月桂树下相会。据说民间有好多人都曾经听到羿与嫦娥在月桂树下窃窃私语呢。

# 星际疑云

夜晚，我们常常眺望银河，银河系是太阳系所在的恒星系统，包括1 200亿颗恒星和大量的星团、星云。我们人类所在的太阳系，是以太阳为中心，和所有受到太阳的引力约束天体的集合体：8颗行星、至少165颗已知的卫星、5颗已经辨认出来的矮行星（冥王星、谷神星、阅神星、妊神星和鸟神星）和数以亿计的小行星、柯伊伯带的天体、彗星。

当人类的思绪投注到星际，一团团疑云便会从人们的心头浮起，脑中飘出：木星身上的巨大红斑是怎么形成的？火星上是否有生命？美丽的土星环是怎么回事？为什么天王星背向太阳的极区温度反倒比被太阳照亮的极区温度要高？共生星究竟是怎么回事？"阿波菲斯"会撞击地球吗……

## 木星巨大红斑之谜

木星除了色彩缤纷的条和带之外，还有一块醒目的标记，从地球上看去，就成一个红点，仿佛木星上长着一只"眼睛"，形状有点像鸡蛋，颜色鲜艳夺目，红而略带棕色，有时又鲜红鲜红。人们把它取名为大红斑。

很早以前，木星大红斑鲜明的颜色已引起人们注意。意大利天文学家卡西尼在1665年首先觉察到，木星上有斑痕，并以此红斑为标志，测出了木星自转的周期，是在9时50分到9时56分之间的范围。这与现在公认的赤道部分的自转周期9时50分30秒相当吻合，这在当时天文观测仪器相当简陋的情况下是很不简单的成就。

自那时以来，3个多世纪过去了，人们一直看到这块红斑虽然颜色有浓有淡、大小有增有减，但从未消失过，成为木星上醒目的永久性标志。这也是科学家观测、研究、讨论的课题。

大红斑十分巨大，南北宽度经常保持在1.4万千米，东西方向上的长度在不同时期有所变化，最长时达4万千米。也就是说，从红斑东端到西端，可以并排放下3个地球。一般情况下，长度在2万~3万千米，大红斑在木星上的相对大小，就好像澳大利亚在地球上那样。

大红斑之"红"也有特色，它的颜色常常是红而略带褐色，变化也是有的。20世纪20年代到30年代，大红斑呈鲜红色，从未这么好看过。1951年前后，也曾出现淡淡的玫瑰红颜色；大部分时间，它的颜色比较暗淡。

关于大红斑的颜色，有不同见解。有的提出那是因为它含有红磷之类的物质；有人认为，可能是有些物质到达木星的云端以后，受太阳紫外线照射，而发生了光化学反应，使这些化学物质转变成一种带红棕色的物质。总之，这仍然是未解之谜。

人们在地球上隔着6亿千米对着大红斑看了300多年，却不知怎么解释这种红斑。到20世纪70年代，先有1972年、1973年4月和6月"先驱者10号"、"先驱者11号"相继升空。在1973年12月和1974年12月近距离观测了木星，紧步后尘的又有1977年8月20日和9月5日发射的"旅行者2号"、"旅行者1号"，分别于1979年7月和1979年3月从木星上空掠过。对红斑进行详细察看。它们发现，它是一团激烈上升的气流，即大气旋。它不停地沿逆时针方向旋转，像一团巨大的高气压风暴，每12天旋转一周。这巨大风暴气流可谓"翻江倒海"、"翻天覆地"。从人类认识它以来狂暴地乱了3个多世纪，真让人乍舌，可以说是一场"世纪风暴"。那么，它是靠什么法力能长盛不衰、长期肆虐呢？

原来，大红斑以自己实力占尽地利之便。巨大的旋涡像夹在两股向相反方向运动的气流中，摩擦阻力很小，如果大红斑比现在要小得多，那么"阻碍"的力量便相应地要大得多，这团风暴要不了多久便会平息。

大红斑不是独霸木星的风暴，也有小姊妹。"先驱者10号"1973年12月，也发现过有小红斑，其扩大程度直逼大红斑，然而"先驱者11号"1974

年12月飞过时小红斑却已经消失了。小红斑从形成到消逝，只用了短短两年时间，规模上也只与地球风暴差不多，这跟大红斑不能相比。也有人认为大红斑长久不息应该还有别的原因。总之，关于大红斑，还需继续观测研究，探索其中的未解之谜。

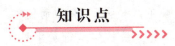

知识点

### 卡西尼

卡西尼（1625-1712），法籍意大利天文学家。1664年7月观测到木星卫星影凌木星现象，由此开始研究木卫与木星的公转自转。1666年，他测定火星的自转周期为24小时40分（误差约3分）；1668年公布第一个木星历表。1669年他前往巴黎皇家科学院工作。1671年巴黎天文台落成，他是台长。他在巴黎天文台发现了土星的4颗卫星土卫八、土卫五、土卫四和土卫三。1675年，卡西尼发现土星光环中间有一条暗缝，后称卡西尼缝。他还准确地猜测了土星光环是由无数微小颗粒构成的。1679年他公布了一份月面图，在以后的一个多世纪里没人超越。卡西尼在理论上是保守的，是最后一位不愿接受哥白尼理论的著名天文学家。他反对开普勒定律；拒不接受牛顿的万有引力定律；反对光速有限的结论。

延伸阅读

### 木星会成为太阳吗

在太阳系行星的家族中，木星的个头可算是老大哥了，它的体积和质量分别是地球的1 320倍和318倍。此外，它还有个与众不同的特点，它有自己的能源，是一颗发光的行星。人们通过对木星的研究，证实木星正在向周围的宇宙空间释放巨大的能量,它释放的能量,是它从太阳那里所获得的能量的两倍,说明木星的能量有一半来自它的内部。

木星除把自己的引力能转换成热能外,还不断吸积太阳放出的能量,这就使它的能量越来越大,且越来越热,并保证了它现在的亮度。

就木星的发展趋势来看,很可能成为太阳系中与太阳分庭抗礼的第二颗恒星。据研究,30亿~50亿年以后,太阳就到了它的晚年,木星很可能取而代之。

也有人认为,木星距取得恒星资格的距离还很远,虽然它是行星中最大的,但跟太阳比起来,其质量也只有太阳的1/1 000。恒星一般都是熊熊燃烧的气体球,木星却是由液体状态的氢组成。所以有人说,木星不是严格意义上的行星,更不是严格意义上的恒星,而是处在行星和恒星之间的特殊天体。到底木星会不会成为第二个太阳呢?我们这辈子是不会知道了。

## 火星上是否有生命

一位天文学家接到了一家报纸编辑发来的电报,内容是:"请用100字电告:火星上是否有生命?"

这位天文学家回电说:"无人知道(No know)!"并且重复了50遍。

这件事情,发生在人类对宇宙的探索之前。到了1965年7月,美国宇航局首次成功发射的"水手4号"太空探测器,近距离地飞过了火星,并且向地球发回了22帧黑白图像。这些图像显示:这颗神秘的星球上布满了令人恐怖的深坑,并且显然和月球一样,是个完全没有生命的世界。以后数年中,"水手6号"和"水手7号"也飞过了火星,"水手9号"对火星做了环绕飞行。它们向地球送回了7 329幅照片。1976年,"海盗1号"和"海盗2号"进入了长期轨道的飞行,在这期间,它们发回了6万多幅高质量的图像,并且将一些登陆车组件放在火星表面上。

到1998年初,尽管人们已经热衷于写作关于火星人的故事,但对"火星上是否有生命"这个问题的回答,却依然仅仅可能一直是"无人知道"。不过,科学家们手头上已经掌握了更多的资料,并且对这个问题形成了一系列见解。

火星的外表虽然伤痕累累,现在却已经有许多科学家认为:火星地表之下，有可能生存着最低级的、类似细菌或病毒的微生物有机体。另一些科学家虽然感觉到火星上现在根本不存在生命，但并不排斥这样一种可能性：在某个极为遥远的古老时期，火星可能曾经出现过"生物繁盛"的时代。

这些争论的范围不断扩展，其中的一个关键因素就是：从作为陨石到达了地球的火星碎片或岩石当中，是否找到了一些可能存在过的微生物化石，是否找到了生命过程的化学证据。这个证据，必须连同对生命过程进行的那些肯定性试验结果，一同被认定下来。"海盗号"登陆车就曾经进行过此类试验。

探索火星上的生命的故事中，存在着诸多令人困惑的因素，其中包括美国宇航局发表的官方结论：1976年，"海盗号"对火星的探测"没有发现任何有说服力的证据，表明火星表面存在着生命"。

1996年，"海盗号"登陆车设计者之一的莱文博士对此评论说："他们提出了一些解释

火星表面

来说明我的实验结果，但那些解释没有一个具有说服力。我相信，今天的火星上存在着生命。"

"海盗号"上的质谱分光仪并没有探测到火星上的任何有机分子，这个事实受到格外的重视。不过，莱文后来证明：这个探测器上的质谱分光仪的工作电压严重不足——在一个标本里，它的最小灵敏度是 1000 万个生物细胞，而其他正常仪器的灵敏度却可以下降到 50 个生物细胞。

1996 年 8 月，美国宇航局宣布，他们在编号 ALH8400 的火星陨石中，发现了微生物化石的明显遗迹。同时，莱文受到了鼓舞，公布了自己的实验结果。美国宇航局公布的证据，有力地支持了莱文本人的观点，即这颗红色星球上一直存在着生命，尽管那里的环境极为严酷："生命比我们所想象的要顽

强。在原子反应堆内部的原子燃料棒里发现了微生物；在完全没有光线的深海里，也发现了微生物。"

英国欧佩恩大学行星科学教授柯林·皮灵格也同意这个观点，他说："我完全相信，火星上的环境曾一度有利于生命的产生。"他还指出，某些生命形式能够生存在最不利的环境中，"有些能够在0℃以下相当低的温度中冬眠；有的试验证明，在150℃高温里也有生命形式存在。你还能找到多少比生命更顽强的东西呢？"

火星上冷得可怕——各处的平均温度为−23℃，有些地区则一直下降到−137℃。火星上能供生命生存的气体极为匮乏，例如氮气和氧气。此外，火星上的气压也很低，一个人若是站在"火星基准高度"上（所谓"火星基准高度"是科学家一致确定的一个高度，其作用相当于地球上的海平面），他感受到的大气压力相当于地球上海拔3万米高度上的压力。在这些低气压和低温之下，火星上即使有水存在，也绝不可能是液态的水。

科学家们认为，没有液态水，任何地方都不可能萌发生命。假如这是正确的，那么，火星过去和现在存在着生命的证据，就必然非常明显地意味着：火星上曾经充满过大量的液态水——我们将看到，有无可辩驳的证据能够证明这一点。火星上的液态水后来消失了，这也无可置疑。但是，这并不必然意味着任何生命都不能在火星上存活。恰恰相反，一些科学发现和实验已经表明：生命能够在任何环境下繁衍，至少在地球上是如此。

1996年，一些英国科学家在太平洋海深4 000多米的地方进行钻探，发现了"一个欣欣向荣的微生物地下世界……（这些）细菌表明：生命能在极端的环境里存在，那里的压力是海平面压力的400倍，而温度竟高达170℃"。

研究海底3 000多米处的活火山的科学家也发现了一些动物，它们属于所谓髭虎鱼属动物，聚居在布满各种细菌的领地上，而那些细菌则在从海床上隆起的、沸腾的、富含矿物质的地幔柱上，繁茂地生长。这些动物通常只有几毫米长，样子很像蠕虫，而在这里，其尺寸畸形发展成为巨大的怪物，样子使人联想到神话中的蝾螈，那是传说生活在火里的一种大虫子或者爬行动物。

髭虎鱼属动物赖以生存的那些细菌，其模样也几乎同样古怪。它们不需要阳光来提供能量，因为没有阳光能够穿透到这样的深海下面。但它们却能利用"从海底冒出来的、接近沸腾的水的热量"。它们不需要有机物碎块作为营养，而能够消化"热海水中的矿物质"。这样的动物被动物学家归入极端变形的"自养生物"类属，它们吃玄武岩，以氢气为能量，并且能从二氧化碳中提取碳元素。

上面这些言论无非是想证明一下不能断然否定火星上无生命存在，当然也不能断然肯定有生命存在，只能说这还是一个谜团。

## 知识点

### 水手4号太空船

水手4号是由美国研制的，一系列以飞越方式进行的行星际探险中的第四个，并且是第一个成功飞越火星的太空船。1964年11月28日发射，次年7月，飞近火星。它传回了第一张火星表面的照片，并且是第一张从地球以外另外一个行星上拍的照片。同时，这张充满了陨石坑、死寂世界的照片，震惊了科学界。

水手4号太空船由八角形镁合金结构组成，对角线长度1 270毫米，高度457毫米。上面有4个长度为6.88米的太阳能面板。八角形框架里容纳了电子器材、缆线、中途推进系统、姿势控制气体供应调节器。大部分的科学仪器置于框架的外面。有电视相机、磁力计、尘埃侦测器、宇宙射线望远镜、太阳等离子侦测器及离子室（盖格计数器）等。

### 西升东落的"福博斯"

我们只见过日月星辰东升西落，谁见过西升东落的怪星？有！它就是火星的两颗卫星之一——火卫一"福博斯"。福博斯在离火星9 400千米处绕火星运转，运动方向与火星的公转和自转的方向一致：自西向东。绕火星一周是7

小时39分钟，比火星自转周期24小时36分钟快3倍多。如果在火星上观看福博斯，就会看到它西升东落的奇观，这是太阳系所有的卫星中唯一西升东落的怪星。

说起这颗卫星的发现，还有一段有趣的故事。自从伽利略第一个用望远镜发现了木星的4颗卫星后，许多天文学家开始思索其他行星的卫星。最早设想火星有卫星的是著名天文学家开普勒。他运用当时十分流行的数字学，对火星进行数字推理：地球有一个卫星（月亮），木星有4个卫星，那么它们之间的火星就该有2个卫星。

1887年8月初，美国天文学家霍耳抓住10年难遇的火星最接近地球的时机，对火星进行了观测，一连几日毫无所获。当霍耳决定放弃观测时，他的夫人斯蒂尼鼓励他："再试一个晚上吧！"就是这"再试一晚"，奇迹出现了：霍耳发现火星附近有一个亮度微弱的运动天体。8月16日，他终于确定自己看见的是一颗火卫。17日又发现了第二颗。这两颗卫星分别被命名为福博斯（火卫一）和德莫斯（火卫二）。

# 土星环与六角云之谜

### 美丽的土星环

在太阳系的八大行星中，除土星外，天王星和木星也都具有光环，但它们都不如土星光环明丽壮观。

在望远镜里，我们可以看到3圈薄而扁平的光环围绕着土星，仿佛戴着明亮的项圈。

土星光环结构复杂，千姿百态。光环环环相套，以至成千上万个，看上去更像一张硕大无比的密纹唱片上那一圈圈的螺旋纹路。

所有的环都由大小不等的碎块颗粒组成，大小相差悬殊，大的可达几十米，小的不过几厘米或者更微小。它们外包一层冰壳，由于太阳光的照射，而形成了动人的明亮光环。

土星光环除了明亮还又宽又薄。

土星环延伸到土星以外辽阔的空间，土星最外环距土星中心有10～15个土星半径，土星光环宽达 20 万千米，可以在光环面上并列排下十多个地球，如果拿一个地球在上面滚来滚去，其情形如同皮球在人行道上滚动一样。

土星光环又很薄。我们在地球上透过土星环，还可见到光环后面闪烁的星星，土星环最厚估计不超过 150 千米。所以，当光环的侧面转向我们时，远在地球

美丽的土星环

上的人们望过去，150 千米厚的土星环就像薄纸一张——光环"消失"了。每隔 15 年，光环就要消失一次。

奇异的土星光环位于土星赤道平面内，与地球公转情况一样，土星赤道面与它绕太阳运转轨道平面之间有个夹角，这个 27°的倾角，造成了土星光环模样的变化。我们会一段时间"仰视"土星环，一段时间又"俯视"土星环，这种时候的土星光环像顶漂亮的宽边草帽。另外一些时候，它又像一个平平的圆盘，或者突然隐身不见，这是因为我们在"平视"光环，即使是最好的望远镜也难觅其"芳踪"。在 1950—1951 年、1995—1996 年，都是土星环的失踪年。

土星光环不仅给我们美的享受，也留下了很多谜团。目前还不知道组成光环的这些物质，是来自土星诞生时的遗物呢？还是来自土星卫星与小天体相撞后的碎片？土星环为什么有那么奇异的结构呢？这些都是有待科学家们研究探讨的难题。

### 奇异的六角形云团

美国国立光学天文台的科学家们在研究"旅行者 2 号"发回的土星照片时，发现了一个奇怪的现象：在土星的北极上空有个六角形的云团。这个云团以北极点为中心，没有什么变化，并按照土星自转的速度旋转。

关于土星北极六角形云团，并不是"旅行者 2 号"直接拍到的，因为它并没有直接飞越土星北极上空。但它在土星周围绕行时，从各个角度拍下了土星照片。天文学家们把那些照片合成以后，才看清了北极上空的全貌，也才发

现了那个六角形云团。

土星北极上空六角形云团的出现，促使科学家们不得不重新认识土星。美国国立光学天文台的戈弗雷曾测出土星的自转周期是 10 小时 39 分 22.082 ± 0.22 秒，这就是根据"旅行者"1 号和 2 号拍摄的土星北极上空的六角形云团的特征而计算出来的。在这之前，则是根据它的周期性射电来探测的。

戈弗雷发现，土星北极的六角形结构是由快速移动的云团构成的，尽管如此，它还是很稳定。戈弗雷说："这种对应使人们觉得六角形和同梯速率的内部自转全然不像是一种巧合。这种表面特征和行星的内部不知有什么联系。"

美国宇航局戈达德空间研究所的阿林森和新墨西哥州大学的毕比认为，土星六角形云团是罗斯贝波，这是一种特殊类型的波，它也会在大气和地球海洋出现大尺度稳定波运动，罗斯贝波具有很长的波长。在土星上，这种波相对于土星的自转来说，是稳定的，并被嵌在一个窄的、以每秒 100 米的速度向东喷发的喷流中。六角形云团至少被一个椭圆形涡旋摄动而向南移，这个涡旋的直径大约为 6 000 千米。但是，土星的"行星波数"为什么呈六角形，现在还没有一个令人满意的解释。

## 知识点

### 旅行者 2 号探测器

"旅行者 2 号"是一艘于 1977 年 8 月 20 日发射的美国国家航空航天局无人星际太空船。它与其姊妹船旅行者 1 号基本上设计相同。不同的是"旅行者 2 号"循一个较慢的飞行轨迹，使它能够保持在黄道（即太阳系众行星的轨道水平面）之中，藉此在 1981 年的时候透过土星的引力加速飞往天王星和海王星。"旅行者 2 号"是第一个在如此远的地方访问这两颗行星的飞行探测器。"旅行者 2 号"能做到这一点的原因是因为木星、土星、天王星和海王星正好处于每 175 年一次的稀有几何排列的缘故。"旅行者 2 号"于 1986 年经过天王星，于 1989 年经过海王星。现在探测器上的许多仪器已关闭，但它仍在继续探测太阳系的环境。

**延伸阅读**

### 土卫六会是人类的第二家园吗

人们梦寐以求在外星球上发现生命，希望它可以为将来的人类开拓地球之外的第二家园。土卫六就带给人这样的希望，因此人类对土卫六多加注意和研究，就是可以理解的了。可是人类要实现自己的梦想，还有多少路要走呢？在这条路上还有多少问题要解决呢？

土卫六（称为"泰坦星"）是环绕土星运行的一颗卫星。它是土星卫星中最大的一个。在1655年3月25日被荷兰物理学家、天文学家和数学家克里斯蒂安·惠更斯发现，它也是在太阳系内继木星伽利略卫星发现后发现的又一颗卫星。由于它是太阳系唯一一颗拥有浓厚大气层的卫星，因此被视为一个时光机器，有助我们了解地球最初期的情况，揭开地球生物如何诞生之谜。

土卫六被认为是人类迄今为止发现的地球外最可能存在生命的卫星。土卫六是太阳系中唯一有大气层的卫星。在距土卫六表面约19千米处，探测仪器拍到了厚厚的一层云雾。科学家指出，这层云雾的主要组成物质极有可能是甲烷。此外还发现，土卫六表面物质正在不断蒸发，并产生更多的甲烷。据推测，早期地球上也存在大量类似甲烷的碳氢化合物。同时还发现，土卫六大气中还有一氧化碳和二氧化碳的痕迹，所有这些都使科学家联想到45亿年前的地球。有天文学家称，土卫六才是太阳系内找到地外生命的最佳地点。

## 金星曾有过生命吗

金星是人类所关心的仅次于月亮的天体，美国和前苏联曾发射飞行器光顾金星，因此人类对金星的了解相对多一些。我国现在开始了探月工程，相信探测金星的行动也随之不远。那时或许许多谜就可以由中国人给出答案了。

金星是八大行星之一，按离太阳由近及远的次序是第二颗。它是离地球最

近的行星。我国古代称之为太白或太白金星。它有时是晨星，黎明前出现在东方天空，被称为"启明星"；有时是昏星，黄昏后出现在西方天空，被称为"长庚星"。

金星是天空中最亮的星星，仅次于太阳和月亮。在空中，金星发出银白色亮光，璀璨夺目，因而有"太白金星"之说，西方人认为爱与美的女神维纳斯就住在金星上。金星最亮时，亮度是天空中最亮的恒星——天狼星的10倍。

金星如此明亮的原因有两点。一方面，是因为它包裹着厚厚的云雾，这层云雾可以把75%以上的光反射回来，反射日光的本领很强，而且对红光反射能力又强于蓝光，所以，金星的银白光色中，多少带点金黄的颜色。另一方面，金星距离太阳很近，除水星以外，金星是距太阳第二近的行星，它到太阳的距离是10 800万千米，太阳照射到金星的光比照射到地球的光多一倍，所以，这颗行星显得特别耀眼明亮。

金星比地球离太阳近，绕日公转轨道在地球的内侧，这点与水星很类似。但金星的轨道比水星轨道大一倍，所以，金星在天空中离太阳就要远些，容易被看到。金星被我们看到时，它与太阳距角可以达到47°。也就是，金星在太阳出来前3小时已升起，或者在太阳下落后3小时出现在天空。这样很多地区的人很容易看到它。

宇航时代的开始，意味着金星神秘时代的结束；美国和前苏联前后发射20多个金星探测器，频繁地对金星大气和金星表面进行探测。

首先是前苏联的"金星1号"，这是人类历史上发射的第一艘金星探测飞船，在1961年2月12日升空，但并不成功。

首度成功观测金星的是美国的"水手2号"，于1962年8月27日升空，同年12月14日通过了距离金星34 830千米的地方探测金星。

首次在金星大气中直接测量的是前苏联的"金星4号"，于1967年10月18日打开降落伞，降落于金星大气中。

首次软着陆成功的是前苏联的"金星7号"，它于1970年12月15日降落于金星表面，送回各种观测资料。

美国在1962年发射"水手2号"以后，又在1978年5月20日和8月8日先后发射"先驱者金星"1号和2号，其中"先驱者金星"2号的探测器软着陆成功。至此，美国先后有6个探测金星的飞船上天。

金星的天空是橙黄色的。金星的高空有着巨大的圆顶状的云，它们离金星地面48千米以上，这些浓云悬挂在空中反射着太阳光。这些橙黄色的云是什么呢？原来竟是具有强烈腐蚀作用的浓硫酸雾，厚度有20～30千米。因此，金星上若也下雨的话，下的便全是硫酸雨，恐怕也没有几种动植物能经得住硫酸雨的洗礼。

金星的大气又厚又重。金星的大气不仅有可怕的硫酸，还有惊人的压力。我们地球的大气压只有$1.013 \times 10^5 Pa$左右。在金星的固定表面，大气压约是$96 \times 10^5 Pa$，几乎是地球大气的100倍，相当于地球海洋深处1 000米的水压。人的身体是承受不起这么大的压力的，肯定在一瞬间被压扁。

金星的大气中主要是二氧化碳。二氧化碳占了气体总量的96%，而氧气仅占0.4%，这与地球上大气的结构刚好相反，金星的二氧化碳比地球上的二氧化碳多出一万倍，人在金星上会喘不过气来，一准会被闷死。这里常常电闪雷鸣，几乎每时每刻都有雷电发生，让你掩耳抱头，避之不及。

金星是真正的"火炉"。地球上40℃的高温已经让人很难受了，但金星表面的温度高得吓人，竟然高达460℃，足以把动植物烤焦，而且在黑夜并不冰冻，夜间的岩石也像通了电的电炉丝发出暗红色光。金星怎么会有这么恐怖的高温呢？这也是二氧化碳的"功劳"。白天，在强烈的阳光照射下，金星的地表很热，二氧化碳具有温室效应，就是说大气吸收的太阳能一旦变成了热能，便跑不出金星大气，而被大气挡了回来，二氧化碳活像厚厚的"被子"，把金星捂得严密不透风，酷热异常。再加上金星吸收的热量更是越聚越多，热量只进不出，从而达到了460℃的高温，比最靠近太阳的水星白昼的温度还要高（水星约430℃）。

温室效应使得昼夜几乎没有温差，冬夏没有季节变化。因而金星上没有四季之分。

其实，地球上也有温室效应，只不过地球大气中二氧化碳只有3.3%，所以地球温室效应远不如金星的强烈。但是，就是那么点二氧化碳，已可使地球的平均温度达到17℃。

金星上如此恶劣的环境，是以前的人们不曾想到过的。这位曾经是地球"孪生姐妹"的金星，一旦面纱撩开，即刻让人们对金星上存在生命的幻想破灭了。

不过，人们头脑中还有一丝希望，那就是，金星上有水吗？

金星有很少量的水，仅为地球上水的十万分之一。这些水分布在哪里呢？由"金星13号"和"金星14号"探测表明，在硫酸雾的低层，水汽含量比较大，为0.02%，而在金星表面大气里有0.02‰水汽。金星表面找不到一滴水，整个金星表面就是一个特大的沙漠，在每日的大风中尘沙铺天盖地，到处昏昏沉沉。金星地表与地球有几分相似。金星因为有大气保护，环形山没有水星、月球那么多，地面相对比较平坦，但是有高山。山的高度的最大落差与地球相似，也有高大的火山，延伸范围广达30万平方千米。大部分金星表面看起来像地球陆地。不过，地球的陆地只有3/10，其余7/10为广大海面。金星的陆地占5/6，剩下的1/6是小块无水的低地。至今金星表面还没有水。

金星自转是卫星中最独特的。自转与公转方向相反，是逆向自转。换句话说，从金星上看太阳，太阳是从西方升起，在东方落下。

金星逆向自转，是科学家用雷达探测金星表面根据反射器回来的雷达波发现的，还知道金星自转非常缓慢，每243天自转一周。如果我们在金星上观看星星，每过243天，才能在天空看到同一幅恒星图景，如我们以太阳为基准测量金星自转周期，仅仅是116.8个地球日。因为，在这段时间，金星沿公转轨道前进了很大一段距离，在这243天中，可以看到两次日出和日落。所以，一个金星日是116.8个地球日，金星上的一天等于地球上116天多。

早在1950年，美国科学家提出了一个与众不同的假说，认为金星最初是一颗彗星，在太阳与木星之间反复旅行。当它数次经过地球的时候，曾经给地球带来了很多麻烦，像大洪水、火山爆发、陨石撞击等等。后来它成了太阳系的一颗行星。

在20世纪，当人们认为火星上存在生命，而把注意力集中到火星上去的时候，金星并没有被冷落，也格外受到人们的注意。虽然金星有生命的观点并不突出，但人们在寻找宇宙生命的时候，总是设想，金星理应在遥远的时期，曾有过地球目前的自然条件，只是金星自身的发展已经走过了生命的黄金时期，我们现在看到的金星，是已经衰老以后的金星，目前它上面没有生命，并不表示从前也没有生命。

在比利时首都布鲁塞尔召开的一次科学研讨会上，前苏联科学家尼古拉·

里宾契柯夫博士披露说，根据前苏联无人宇宙飞船探测的结果，发现金星上曾经有2万个城市存在过的痕迹。这些城市散布在金星表面，呈马车轮的形状，中间是一个巨大的繁华都市，从这个中心向四周放射着许多条道路，将2万个城市联系在一起。这些资料是1988年1月前苏联无人宇宙飞船穿过金星表面浓密大气层后，使用雷达扫描时发现的。不过，这些照片不十分清楚，至今还很难辨认出这些建筑物的具体形状。尼古拉博士说："我们唯一知道的和已经确定的，就是这些城市皆呈倒塌状，这说明它们的历史十分古老，目前还没有任何生物存在的迹象，所以最保守的估计，那里的生物已经灭绝了很久很久。"

随着科学技术的发展和进步，人类有关金星的探索和研究将会取得更大的成就，金星也将不再神秘。

## 知识点

### 金星7号探测器

前苏联于1970年8月17日发射的"金星7号"，首次成功实现在金星表面软着陆。这一成就的取得，是在此之前一系列探索的结果。金星比月球远得多，发射金星探测器及保证获得有用的探测结果也难得多。

1960年10月，前苏联先后发射了两个金星探测器，均因火箭问题而失败。1961年2月12日，前苏联从在轨的重型卫星上发射成功的"金星1号"探测器，5月20日从距离金星约10万千米处飞过，最后进入了日心轨道。经历了几次失败后，"金星7号"探测器于12月15日首次实现在金星表面软着陆。这个探测器着陆舱重495千克，它第一次获得了金星表面的数据：温度为475℃，压力为75～105个大气压（1个大气压=$1.013 \times 10^5$Pa）。这是人类对外天体探测获得的第一批实测数据，意义重大。

## 延伸阅读

### 强劲的火星尘暴

在火星上，常常会发生强大的"尘暴"，其影响的区域可遍及全球。它持续的时间也很长，可把火星弄得几个月内都是"昏天黑地"的。通常，尘暴发起于南半球的"诺阿奇斯"地区。当火星达到近日点时，诺阿奇斯接受的热量最多，这就导致一次大尘暴。因此，按火星绕日周期算，约2个地球年发生一次大尘暴。1971年9月—1972年1月的大尘暴持续了近4个月，当时美国的"水手9号"恰好于1971年11月飞达火星，大尘暴使这艘飞船根本就无法拍照。为了拍照，它不得不等了3个月。这次大尘暴是迄今观测到的最大一次火星尘暴。

火星尘暴是如何形成的呢？一般的解释是，太阳的加热起了重要作用，特别是火星运行到近日点。太阳的辐照作用大，引起火星大气的不稳定，使之原来的昼夜温差更大，而空气也更不稳定，加热后的空气上升便扬起灰尘。当尘粒升到空中，加热作用更大。因而尘粒温度更高，这又造成热气的急速上升。热气上升后，别处的空气就来填补，形成强劲的地面风，以形成更强的尘暴。

## 水星身上的谜团

水星是名不符实，它上面一滴水也没有，是一个完全干涸的星球。水星是我们中国人的叫法，我国古代称其为"辰星"。水星朝向太阳的一面，温度非常高，可达到400℃以上。这样热的地方，就连锡和铅都会熔化，何况水呢！背向太阳的一面，由于长期不见阳光，温度非常低，达到-173℃，因而在这里也不可能有固态的水。

我们平常很难看到水星，这主要与水星与太阳之间的角度有关。水星距太阳最近时约4 500万千米，最远时可达6 900万千米。从地球上看去，它距离太阳的角距离最大不超过28°，让人感觉水星仿佛总在太阳两边摆动。因此，水星几乎经常被"淹没"在黄昏或黎明的太阳光辉里，只有在28°附近时才能见到它。据说，哥白尼去世前抱憾终生的一件事就是未曾见到水星。

水星绕太阳运行的速度非常快，每秒约48千米，因而只需88天就能绕太阳公转一周。同那些绕太阳缓慢行进的遥远行星相比，水星简直就是在疯狂地绕着太阳跑。在很长一段时期里，天文学家一直认为它的自转周期跟公转周期一样长，也是88天。但随着天文学观测水平和仪器精密程度的提高，天文学家终于测出了水星自转周期——58.646天。原来，水星绕太阳公转2圈的同时，绕其轴自转3周。据此进行推算，水星的自转周期刚好是公转周期的2/3。

1973年11月3日，美国于发射了"水手10号"行星探测器，这架行星探测器也是迄今地球上的唯一近距离观望过水星的宇宙飞船。科学家们通过对飞船的反馈资料进行分析，发现水星表面到处都是大小不一的环形山和凹凸不平的盆地和坑穴等。一些坑穴显示出陨星曾对同一地点撞击过多次，这与月球表面很像。然而，水星表面却不同于月面，直径在20~50千米的环形山不多，而月面上的直径超过100千米的环形山很多。水星表面上到处都有一些被称为"舌状悬崖"的不深的扇形峭壁，类似梯形斜坡，高度1~2千米，长约数百千米。科学家们认为，这种细小轮廓的产生是同早年由于行星内核状态改变，产生收缩，外壳大面积出现裂纹和移动有关。水星上还有一条大峡谷，长达100多千米，宽约7千米，科学家为纪念美国阿雷西博射电天文台测出水星自转周期一事，将其命名为"阿雷西博峡谷"。

另外，科学家们还发现水星向阳面和背阳面温差很大。由于水星上的大气很稀薄，阳光的热力长驱直入，在太阳的烘烤下，向阳面温度高达427℃，而背阳面温度却冷到-170℃左右，因而水星一滴水都没有。水星质量比地球小，它的地心引力只是地球的3/8，所以它表面上的物体只要速度达到4.2千米/秒，就可以逃之夭夭了。

水星还有一个强度约为地磁场1/100的全球性的磁场，这说明它很可能也有一个高温液态的金属核。科学家根据水星的质量和密度数值，推算应有一个直径约为水星直径2/3的既重又大的铁镍内核在其内部。

然而有关水星更具体的情况，人类至今仍有许多不明之处。但我们坚信，水星的谜底在不久的将来一定会被彻底揭开。

## 知识点

### 水手10号探测器

水手10号是人类设计的首个执行双行星探测任务的飞行器,也是第一个装备图像系统的探测器,它的设计目标是飞越金星和水星两大行星。

它在1973年11月3日,由美国发射升空。水手10号重503千克,装备有紫外线分光仪、磁力计、粒子计数器,电视摄像机等仪器。1974年2月5日,水手10号从距金星5 760千米的地方飞过,拍摄了几千张金星云层的照片。然后它继续朝水星前进。1974年3月29日,水手10号从离水星表面700千米的地方通过。1974年9月21日,水手10号第二次经过水星;1975年3月6日,它第三次从水星上空330千米处经过。此时,水手10号耗尽了使它保持稳定位置的气体,因此无法再对这颗行星作进一步研究了。不过这3次近距离观测已拍摄到了超过1万张图片,涵盖了水星表面积的57%。

## 延伸阅读

### 寻找火神星

19世纪40年代,根据法国天文学家勒威耶的计算,人们发现了海王星。这被看作牛顿引力理论的巨大胜利。这时,勒威耶想编制一个星表,把行星间的引力作用都计算进去。但到1877年他去世为止,仍未能完成。部分原因是他发现了一个奇怪的现象,水星运动轨道有了异常(水星近日点反常进动)。

按照以往的经验,造成水星运行的反常,除了离水星较近行星的影响之后,还不足以解释这种反常。这样,勒威耶就把目光移向水星与太阳之间。他认为,这之间应有一颗未知的行星在影响水星运行。勒威耶计算出它的位置,甚至还起了一个好听的名字——火神星。这一次,勒威耶仍很自信。不过观测它并不容易。它离太阳太近了，总是淹没在太阳的光芒之中。

　　1859年，法国业余天文家、乡村医生和木匠累卡尔博在太阳表面上看见了一颗很圆的黑点，当时他认为这是一颗行星。他把这个观测结果告诉了勒威耶，勒威耶很高兴并急忙去会见了他。对于累卡尔博的观测结果，勒威耶是很有信心的，虽然到死他也相信火神星是存在的，但是，谁也未能见到火神星在太阳表面再次经过。

## 天王星身上的谜团

　　天王星是从太阳向外的第七颗行星，在太阳系的体积是第三大（比海王星大），质量排名第四（比海王星轻）。天王星距太阳28.8亿千米，距地球27.3亿千米，太阳光线到达天王星也要2小时38分钟。

　　威廉·赫歇耳发现天王星有点事出偶然。1781年3月13日晚，他像往常一样用他自制的望远镜巡视天空，在观察双子座的一部分天空时，他看到一颗不平常的星，它完全不像是一颗恒星，因为恒星在望远镜中只是一个光点，而这颗星呈现为一只淡绿色圆盘状。连续几个夜晚的观测，他发现那个天体似乎正在恒星背景下缓慢地移动着。赫歇耳以为他发现了一颗彗星。但不久他就发现，这颗星缺少彗星特征——模糊的边界，它看上去边缘总是清晰的。而且它的运行路径是在土星轨道外面的一条近于圆形的轨道。赫歇耳最后认定，他发现的是一颗新行星。

　　学术界决定新行星的名称是遵守根据希腊神话人物命名行星的传统，把新行星命名为"乌拉诺斯"，他是希腊神话主神宙斯的祖父，翻译成汉语就是"天王星"。

　　天王星一下子把太阳系的疆界开拓了，打开了人类的视野，启发天文学家继续在广袤的星空中探索。

　　天王星有一个与众不同的性质，就是它的运行姿态十分奇特。

　　一般的行星，都是侧着身子绕日运动，它们的自转轴和公转轴轨道平面，全都近似垂直，有一点小的倾斜。地球为23.5°，火星24°，木星3°，土星27°，这正是引起季节变化的原因。可是，天王星的自转情况则与众不同，天王星的自转轴的倾斜度达到98°，它们的自转轴与公转轨道平面近乎平行——仅有2°的夹角。实际上天王星是躺在它的轨道面内旋转的，就跟保龄球滚在球道上的情形差不多。这一事实意味着，天王星的季节也非常奇特。在天王星的一年中（相当于地球上的84年），太阳轮流照射天王星的南极和北极。当太阳照北极，北半球处于夏季，在北极地区，太阳看起来就像悬挂在头顶的上方，而且总不下落。而当冬季来临时，这颗行星一半地方进入漫漫的寒冷冬夜中，一直持续几十年。只有随着太阳渐渐照射到赤道上，天王星的世界，才有白天到黑夜的交替。即使在夏季，表温也很低，可达到－211℃。这样怪异的气候类型，无疑是因为这颗行星的大气层得到奇特的、不均匀加热的结果。天王星为什么以这种姿态运转呢？至今还是天文学当中的一个谜。

天王星比较暗，最亮时能达到6等星，眼力好的人勉强可见。它的直径5.2万千米，是地球的4倍多，质量则为地球的14.54倍。它离太阳的平均距离为28.7亿千米，特别寒冷。天王星也有较厚的大气层，大气的主要成分是氢，其次是氦，还有少量的甲烷。大气内的平均温度在零下200℃左右。其核心是岩石物质，核心的温度大约两三千摄氏度。核心外面是一层水冰和氨冰。天王星接收太阳辐射很少，也没有发现其内部有能源，但是它的大气却很不平静，风速可达每秒400米，这比地球上最强的飓风的速度要快得多。

天王星公转一周需要84年。如果我们是生活在天王星上，长寿的人一辈子也不可能绕太阳两周。然而它自转一周的时间为16.8小时，比地球自转的速度快。它的自转轴几乎和公转轨道平面平行。因此，可以说天王星是懒散地"躺"在轨道平面上自转和公转。除了冥王星以外，地球和其他的行星基本上都是站在轨道平面上自转和公转的。为什么天王星如此特殊？天文学家猜想，它可能是被一颗行星撞倒了。

天王星在被发现近200年后，才知道它也有环。和木星环一样，天王星的环带细而暗，地球上的大型望远镜也看不见它。1977年，天文学家利用天王星掩食恒星的机会来探讨天王星是否存在环带。如果有环带，当它挡住恒星时，恒星的光度要变暗，所以从被掩恒星的光度变化确认了天王星环带的存在。当时发现的天王星环有9个，1986年宇宙飞船"旅行者2号"飞越天王星时，又发现了两个新环，一共发现了天王星的11个环。

天王星的卫星也比较多，是一个大家庭。较早发现的5颗卫星都比较大，有4颗卫星的直径都在1 100千米以上，最小的一颗直径为500千米。1986年1月，宇宙飞船"旅行者2号"飞近天王星，从1月24日到2月25日，对天王星及其卫星和环带进行了细致的观测，又发现10颗较小的卫星，使天王星的卫星数达到15颗。"旅行者2号"还对5颗早已知道的卫星拍了许多照片，发现这些卫星的地貌很像地球，特别是天卫五的地貌非常丰富，既有悬崖峭壁，又有高山峡谷。

"旅行者2号"还发现天王星有一个令人奇怪的现象：它背向太阳的极区温度反倒比被太阳照亮的另一个极区的温度要高一些。这是什么原因造成的，科学家们尝试着解开这个谜团，但遗憾的是没有成功。

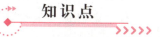

知识点

### 威廉·赫歇耳

威廉·赫歇耳（1738－1822），出生于德国，英国天文学家及音乐家，被称为"恒星天文学之父"。1775年，威廉·赫歇耳参加的乐团被派到英国。他在天文学上的兴趣自1773年开始浓厚，并开始自制望远镜。1781年3月13日，就在他观测双星时，他发现了一颗新的行星天王星。这件事使他成为名人，他亦全身投入天文学。他还发现了土星的两颗卫星——土卫一及土卫二、天王星的两颗卫星——天卫三及天卫四。他首先发现太阳系正在宇宙中移动，还指出该移动的大致方向。他亦研究银河的结构，提出银河呈圆盘状。1800年他发现了太阳红外辐射。

延伸阅读

### 星空"合唱队"

美国有个叫斯格福的人，他是地球上极少数听到其他星球发出声音的人，并且他独出心裁,还合成了"太空音乐"。

美国科学家通过"探险者2号"宇宙飞船上的先进仪器接收附近星球上发出的无线电波。这些无线电波经过处理,就形成了独具魅力的"星球音乐"了。这些诱人的"音乐"温柔优雅、婉转动听;有时又像起伏的波涛,深沉博大,使人难忘。

这些"星球音乐"究竟是怎么回事,星空中"合唱队"又是怎么组成的呢?原来,行星发出的无线电波受到太阳风的冲击,太阳风中的一些带电粒子,经过行星的磁场时,产生振荡,如同琴弦被拨动。最轻的电子可以弹出最高音调;"合唱队"中的"男高音"是质子;比较重的离子,是"合唱队"中的低音"歌王"发出浑厚低沉的声音。科学家发现,在已接收到的行星"音乐"中,土星的声音最神秘莫测,充满诱人的魅力。科学家们对"星球"音乐产生了浓厚兴趣,正试图通过"星球"音乐来研究星球的一些秘密,让我们拭目以待吧。

## 计算出来的海王星

海王星与太阳的距离为45亿千米。它的直径为4.9万千米,是地球的3.9倍,质量为地球的17.2倍。公转周期比天王星更长,要164.8年才能绕太阳一圈,自转周期约为18小时。

海王星的发现显示了天文理论的威力。天文学家发现天王星之后,根据万有引力定律计算天王星运行轨迹时,发现计算结果和实际观测总不相符。当时人们猜想,可能在天王星轨道外面有一颗影响天王星运动的行星。那么这颗行星在哪里呢?英国的大学生亚当斯(1819-1892)和法国天文学家勒威耶(1811-1877)通过复杂的计算,分别于1845年和1846年得到了基本一致的结果,给出了这颗未知行星的轨道、质量和当时的大概位置。亚当斯写信给英国格林尼治天文台台长,请求他们用望远镜寻找这颗行星,但是没人理会。而勒威耶请求德国柏林天文台的天文学家伽勒观测,得到热情地支持。天文学家伽勒在理论计算指出的位置附近很快地就找到了这颗亮度为8等星的新行星。有人提议,用勒威耶作为这颗行星的名字,以纪念他发现这颗行星的功劳。但是多数天文学家主张用希腊、罗马神话故事中神的名字命名。这颗行星的颜色呈淡蓝色，和大海的颜色相似，因此用罗马神话中海神涅普顿的名字命名，中文就称之为海王星。天文学家公认由亚当斯和勒威耶共享发现海王星的荣誉。

海王星离我们较远，虽然进行了100多年的观测，但所掌握的情况还是远远不如那些比它近的行星。1989年8月，宇宙飞船"旅行者2号"飞近海王星所进行的探测，大

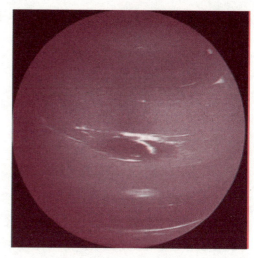

海王星

大丰富了我们对海王星的认识。海王星的周围也有厚厚的云层，大气中氢和甲烷是主要成分。海王星的表面被一层厚厚的冰所包围，核心则是岩石。太阳光不能给它以温暖，它所接收到的太阳能量只有地球所得到的1/900，表面温度为－227℃。海王星如此之冷，但大气中却有非常活跃的现象，风速可达325米/秒，比地球上的最大风速还要大得多。其中的原因还尚未完全了解。

海王星有8颗卫星。空间探测之前已经知道有2颗，"旅行者2号"又发现了6颗。最引人注目的卫星是海卫一，它比冥王星还大。它在离海王星35.4万千米的圆形轨道上反向绕海王星转。太阳系中有些离其母行星较远的小卫星中有逆着行星自转方向旋转的，而像海卫一这么大的卫星也逆向旋转是独一无二的。周期约为5天。海卫二则不同，体积较小，在离海王星较远的551万千米的椭圆形轨道上顺向绕海王星运行，周期约为1年。这两颗卫星距离海王星远近、轨道形状、运行方向和周期等各个方面都非常不同。因此，它们的来源可能就不一样。人们猜想，海卫一可能是海王星从绕太阳运行的小行星中俘获得来的。

海王星也有环带。但是，从19世纪50年代由英国天文学家拉塞尔提出观测到海王星的环以来，几经周折，一直没有定论。直到1989年8月，"旅行者2号"飞到海王星附近，才证实海王星确实不仅有环，而且有5条。"旅行者2号"的这一探测结果，对太阳系演化的研究是很重要的，因为木星、土星、

文王星和海王星都有环带这一事实表明，它们的形成与演化有着共同的特点。

## 知识点

### 勒威耶

勒威耶（1811—1877），法国天文学家。1831年毕业于巴黎工艺学校，早年从事化学实验工作。1837年任母校天文教师，开始研究天体力学。后两度出任巴黎天文台台长。他于1846年8月31日用数学方法推算出了海王星的轨道并预告它的位置，并因此获得英国皇家学会的柯普莱奖章。他还研究过太阳系的稳定性问题和行星理论，编制了行星星历表。勒威耶发现了水星近日点的异常进动，并预言"水内行星"的存在，这个预言虽然后来被爱因斯坦用广义相对论成功解释，但至今仍未能得到最后的证实。

## 延伸阅读

### 冥王星"出局"

冥王星，于1930年1月由克莱德·汤博根据美国天文学家洛韦尔的计算发现。刚被发现之时，它的体积被认为有地球的数倍之大。很快，冥王星也作为太阳系第九大行星被写入教科书。但是随着时间的推移和天文观测仪器的不断升级，人们越来越发现当时的估计是一个重大"失误"，因为它的体积要远远小于当初的估计。后来发现它的直径只有2 300千米，比月球还要小。冥王星的质量远比其他行星小，甚至在卫星世界中它也只能排在第七、第八位左右。

2005年7月9日，又一颗新发现的海王星外天体被宣布正式命名为厄里斯。根据厄里斯的亮度和反照率推断，它要比冥王星略大。这为重新考虑冥王星的行星地位提供了有力佐证。

2006年8月24日召开的国际天文学联合会第26届大会将其定义为矮行星。同时通过了"行星"的新定义，这一定义包括以下3点：①必须是围绕恒星运转的天体；②质量必须足够大，来克服固体应力以达到流体静力平衡的形状（近于球体）；③必须清除轨道附近区域，公转轨道范围内不能有比它更大的天体。冥王星的"出局"源于第三条。

## 奇怪的冷热"共生星"

共生星的发现是20世纪30年代的事情。当时天文学家在观测星空时发现了一种奇怪的天体，对它的光谱进行的分析表明，它既是"冷"的，只有两三千摄氏度；同时又是十分热的，达到几万摄氏度。也就是说，冷热共生在一个天体上。1941年，天文学界把它定名为"共生星"。它是一种同时兼有冷星光谱特征（低温吸收线）和高温发射星云光谱（高温发射线）的复合光谱的特殊天体。人类已经发现了约100个这种怪星。许多天文学家为解开怪星之谜耗费了毕生精力。我国已故天文学家、北京天文台前台长和茂兰早在20世纪四五十年代在法国就对共生星进行过不少观测研究，在国际上有一定影响。此后，我国另一些天文学家也参加了这项揭谜活动。

半个多世纪过去了，但它的谜底仍未完全揭开。

最初，一些天文学家提出了"单星"说，认为，这种共生星中心是一个属于红巨星之类的冷星，周围有一层高温星云包层。红巨星是一处于比较晚期的恒星，它的密度很小，而体积比太阳大得多，表面温度只有两三千摄氏度。可是星云包层的高温从何而来的呢？人们却无法解释。太阳表面温度只有6 000℃，而它周围的包层——日冕的物质非常稀薄，完全不同于共生星的星云包层。因此，太阳算不得共生星，也不能用来解释共生星之谜。

也有人提出了"双星"说，认为共生星是由一个冷的红巨星和一个热的矮星（密度大而体积相对较小的恒星）组成的双星。但是，当时光学观测所能达到的分辨率不算太高，其他观测手段尚未发展起来，人们通过光学观测和红外测量测不出双星绕共同质心旋转的现象。而这是确定是否为双星的最基本特征之一。

在 1981 年所进行的学术的讨论会上，人们只是交流了共生星的光谱和光度特征的观测结果，从理论上探讨了共生星现象的物理过程和演化问题。在那以后，观测手段有了很大发展。天文学家用 X 射线、紫外线、可见光、红外射电波段对共生星进行了大量观测，积累了许多资料。共生星之谜的帷幕在逐渐揭开。

天文学家用可见光波段对冷星光谱进行的高精度视向速度测量证明，不少共生星的冷星有环绕它和热星的公共质心运行的轨道运动，这有利于说明共生星是双星。人们还通过具有高的空间分辨率的射电波段进行探测，查明了许多共生星的星云包层结构图，并认为有些共生星上存在"双极流"现象（从一个星的两个极区向外喷射物质）。现在，大多数天文学家都认为，共生星可能是由一个低温的红巨星或红超巨星和一个具有极高温度的看不见的极小的热星以及环绕在它们周围的公共热星云包层组成。它是一种处于恒星演化晚期阶段的天体。

有的天文学家对共生星现象提出了这样一种理论模型。共生星中的低温巨星或超巨星体积不断膨胀。其物质不断外溢，并被邻近的高温矮星吸积，形成一个巨大的圆盘，即所谓的"吸积盘"。吸积过程中产生强烈的冲击波和高温。由于它们距离我们太远，我们区分不出它们是两个恒星，而看起来像热星云包在一个冷星的外围。

有的共生星属于类新星。类新星是一种经常爆发的恒星。所谓爆发是指恒星由于某种突然发生的十分激烈的物理过程而导致能量大量释放和星的亮度骤增许多倍的现象。仙女座 Z 型星是这类星中比较典型的，这是由一个冷的巨星和一个热的矮星外包激发态星云组成的双星系统，经常爆发，爆发时亮度可增大数十倍。它具有低温吸收线和高温发射线并存的典型的共生星光谱特征。

但是双星说并未能最后确立自己的阵地。这其中一个重要原因是迄今为止未能观测到共生星中的热星。科学家只不过是根据激发星云所属的高温间接推论热星的存在，从理论上判断它是表面温度高达几十万摄氏度的矮星。许多天文学家都认为，对热星本质的探索，应当是今后共生星研究的重点方向之一。

此外，他们认为，今后还要加强对双星轨道的测量；进一步收集关于冷星的资料，以探讨其稳定性。

天文学家们指出，对共生星亮度变化的监视有重要意义。通过不间断的监视可以了解其变化的周期性，有没有爆发，从而有助于揭开共生星之谜。但是共生星光变周期有的达到几百天，专业天文工作者不可能连续几百天盯住这些共生星，因此，他们特别希望天文爱好者能来共同监视。

揭开共生星之谜，对恒星物理和恒星演化的研究都有重要的意义。但要彻底揭开这个谜看来还需要付出许多艰苦的努力。

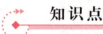

## 紫外线

紫外线是电磁波谱中波长从 10～400nm 辐射的总称，不能引起人们的视觉。1801 年德国物理学家里特发现在日光光谱的紫端外侧一段能够使含有溴化银的照相底片感光，因而发现了紫外线的存在。自然界的主要紫外线光源是太阳。太阳光透过大气层时波长短于 $290×10^{-9}$ 米的紫外线为大气层中的臭氧吸收掉。人工的紫外线光源有多种气体的电弧（如低压汞弧、高压汞弧），紫外线有化学作用能使照相底片感光，荧光作用强，日光灯、各种荧光灯和农业上用来诱杀害虫的黑光灯都是用紫外线激发荧光物质发光的。紫外线还可以防伪。紫外线还有生理作用，能杀菌、消毒、治疗皮肤病和软骨病等。

## 延伸阅读

### 矮星与巨星

原指本身光度较弱的星，现专指恒星光谱分类中光度级为 V 的星，即等同于主序星。光谱型为 O、B、A 的矮星称为蓝矮星（如织女一、天狼），光谱型为 F、G 的矮星称为黄矮星（如太阳），光谱型为 K 及更晚的矮星称为红矮星（如南门二乙星）。但白矮星、亚矮星、"黑矮星"则另有所指，并非矮星。物质处在简并态的一类弱光度恒星"简并矮星"也不属矮星之列。

巨星是指光度比一般恒星（主序星）大而比超巨星小的恒星。恒星演化离开主序带后，体积膨胀、表面温度降低、变得非常明亮，因为这类恒星大约是太阳的 10～100 倍，所以被称为巨星。在赫罗图上，位于主星序的上方，超巨星分支的下方。光度级为 Ⅱ～Ⅲ 级。表面温度为 2 500K～7 000K。有少数蓝巨星温度较高，而冷巨星温度最低，仅 1 000K。普通红巨星的质量为太阳的 1.5～4 倍，半径约为太阳 10 倍，是恒星演化过程中的比较晚期阶段。

## "阿波菲斯"会撞击地球吗

有一颗引起全球科学家们警觉的小行星名叫"阿波菲斯"。在埃及的神话中，"阿波菲斯"是古老的邪恶和毁灭之神，它的目的是让整个世界陷入永久的黑暗。科学家将这颗正从外太空直奔地球而来的小行星也命名为"阿波菲斯"，正是因为这颗小行星将对人类构成前所未有的灾难性威胁，它的危险等级在有史以来发现的小行星中是最高的。科学家们提醒人们，"阿波菲斯"这颗重 4 500 万吨的小行星将于 2029 年在距离地球 3.4 万千米的上空掠过。尽管这个距离看起来很遥远，但是从天文学的角度来看，它就像是一根头发丝般粗细，对地球来说相当危险。要知道，地球同步卫星离地面的高度都达到约 3.6 万千米。

更危险的是，2029 年与地球的"擦肩而过"很可能会改变"阿波菲斯"的运转轨道，大大增加它在 2036 年与地球相撞的概率。如果幸运的话，这颗行星会与地球擦身而过；不幸的话，它就会直接撞击地球，而且撞击的面积非常大。

有关"阿波菲斯"撞地球的可能性有多种说法，有说 1/300 的，有说 1/60 的，甚至还有说 1/37 的，现在科学家普遍认为它在 2036 年正面撞向地球的可能性是 1/45 000。即使是这样，它也是天文学家眼中的"高概率事件"，而且它带来的巨大破坏让人类不得不防。

科学家预测，这颗行星直接撞击地球上的城市地区所产生的破坏性将比卡特里娜飓风、2004年的印度洋大海啸以及1906年美国旧金山大地震加在一起的破坏力还要大。行星撞击地球爆炸产生的

"阿波菲斯"撞地球假想图

威力将相当于1945年日本广岛原子弹爆炸的65 000倍。有学者表示，类似的灾难曾在地球上发生过一次，那次灾难毁灭了古埃及文明，现在，新的威胁再度逼近地球。

目前太空中大约有10万颗小行星在离地球很近的轨道运行，小行星的体积大到足以摧毁一座城市。

科学家目前还不能对所有对地球构成威胁的小行星进行准确的预测，无法百分之百预测到它们是否真会撞击地球，以及什么时候会撞击地球。即使对像"阿波菲斯"这样受到瞩目的小行星的轨道测定也还不是很精确。

事实上，可能要到2029年科学家才能完全确定"阿波菲斯"是否会撞地球。如果等到2029年才行动，那么2036年的撞地球灾难就很难说了。

为了防止那些对地球构成威胁的小行星撞上地球引发灾难，人们曾经一度制订出用核弹炸碎来袭小行星的方案。在好莱坞电影《天地大碰撞》中，布鲁斯·威利斯出演的主角将一枚核弹植入来袭小行星内部后将其炸碎，从而挽救了地球。但是经科学家研究发现，使用核弹头摧毁来袭小行星，不仅不会拯救地球，反而会引发更大的灾难。

核爆也许会把小行星炸为碎片，但可能使事情变得更糟。如果没有核爆炸，可能只有一个巨大的物体撞上地球，而核爆炸后，将可能有更多的物体来袭，威力变得更为巨大。而且，人们无法预测这些小行星的成分，它们可能是岩石、冰，甚至垃圾。它虽然会被炸碎，但在引力的作用下还会重组，这样爆

炸就不会起到任何正面效果。

抵御小行星的最佳方案，是使用无人飞船改变小行星轨道。不少科学家认为，对付"阿波菲斯"最为可行的办法就是派一艘宇宙飞船"引走"它。美籍华裔宇航员卢杰等人提出了"引力拖船"方案，该方案建议发射一艘重20吨的核动力宇宙飞船，让它飞到小行星附近，利用飞船对小行星的微小引力，用一年的时间积少成多，能让一颗直径为200米的小行星改变原来的轨道，从而避免与地球相撞。

宇宙飞船能"以小引大"是因为小行星的运行速度和轨道哪怕是一次改变微不足道的一点点，日积月累，也能渐渐错开地球轨道，这个道理与"铁杵磨成针"的道理有点相似。

还有一种新的防止小行星撞地球的办法，即发射数艘被称为"狂人"的无人驾驶宇宙飞船降落在小行星上，在其表面进行钻探，然后将其内部的碎石、冰块等物质抽出，喷向太空，从而产生足够的反作用力，将小行星推离地球轨道。这就像是在划船时将船上的石块抛入湖中，石块会向与船相反的方向运动。这样工作几个月后，就能避免一次灾难性的撞击。

小行星是否会真的在2036年撞上地球？如果事实真的像科学家预测的那样，人类又该如何避免这次灾难呢？或许只有到2029年科学家才能完全确定了。

除了媒体的大肆渲染之外，人类还未曾目睹一次小行星撞击的实况。人们可能会问，小行星将来真的会撞击地球吗？以前真的撞击过地球吗？这种疑问在得到令人信服的答案之前还会不停地问下去。

## 知识点

### 广岛原子弹

1945年夏，日本败局已定。美国总统杜鲁门和美国政府想尽快迫使日本投降，也想以此抑制苏联。8月6日9时，原子弹在离广岛地面600米空中爆炸，立即发出令人眼花目眩的强烈的白色闪光，广岛市中心上空随即发生震耳欲聋的大爆炸。顷刻之间，城市突然卷起巨大的蘑菇状烟云，接着便竖起几百根火柱，广岛市马上沦为焦热的火海。原子弹爆炸的强烈光波，使成千上万人双目失明；10亿℃的高温，把一切都化为灰烬；放射雨使一些人在以后20年中缓慢地走向死亡；冲击波形成的狂风，又把所有的建筑物摧毁殆尽。处在爆心极点影响下的人和物，像原子分离那样分崩离析。离中心远一点的地方，可以看到在一霎那间被烧死的男人和女人及儿童的残骸。当时广岛人口为34万多人，靠近爆炸中心的人大部分死亡，当日死者计8.8万余人，负伤和失踪的为5.1万余人，以上数字不含军人，据估计军人伤亡在4万人左右。

延伸阅读

### 神秘无踪的"中华"小行星

1928年11月，留美学生张钰哲利用叶凯士天文台的60厘米反射望远镜进行天文观测，当他检查拍摄的一张底片时，意外地发现一颗条状的星象。这是不是一颗小行星，他并无把握。他又继续了一个月的观测，并对此进行了精确的计算，证实这是一颗新发现的小行星。

按照国际上通行的惯例，发现者有权为它命名。张钰哲将这颗编号为1125号的小行星命名为"中华"。

从美国留学回来之后，张钰哲直到20世纪50年代才有机会再看看他的"中华"。1957年10月，他利用南京紫金山天文台的一架60厘米望远镜寻找这颗有20余年未再见面的小行星。这一期间，他与同事已发现了好几颗小行星，其中有一颗酷似"中华"的小行星，但他仍不能肯定这就是"中华"。针对这一观测结果，他发表了一篇文章专门阐述这个问题。

到1977年，"中华"的踪影仍未观测到，但是张钰哲对1957年那颗酷似"中华"的小行星有了很好的观测结果。为此国际小行星中心决定用这颗"赝品"替代"中华"，这倒成了一个在中华大地发现的"真中华"了。

# 神秘的天文现象中的谜团

风霜雨雪,日落月升,是我们常见的天文现象,利用现在的科技知识可以给出一个合理的解释。但是有许多天文现象,充满神秘感,匪夷所思,难以索解:卫星"黑色骑士"的运行方向为什么与其他卫星的运行方向恰好相反,是因为在离地球 40 万千米的地球轨道上,运行着一个 UFO 轨道基地吗?除了地球,地外还有生命吗?地球人是孤独的吗?外星人存在吗?扑朔迷离的飞碟是外星人的航行吗?彗星扫过天际为什么在地球上会出现"彗星蛋"呢?世界各地出现的麦田怪圈是外星人所为吗……这一个个谜团困扰着人类,吸引着人类去破解其中的奥秘。

## "倒行逆施"的"黑色骑士"

1961 年,在巴黎天文台观测站工作的法国学者雅克·瓦莱发现了一颗"倒行逆施"的卫星,这颗卫星的运行方向与其他卫星的运行方向恰好相反,人们给它取了一个高雅而剽悍的名字——黑色骑士。科学家们猜测:在离地球 40 万千米的地球轨道上,运行着一个 UFO 轨道基地,因为 UFO 能改变重力的影响。

"黑色骑士"出现之后,紧接着,许多天文学家按瓦莱提供的精确数据,也发现了这颗环绕地球逆向旋转的独特卫星。

法国著名学者亚历山大·洛吉尔认为,"黑色骑士"可以用与众不同的方式绕地球运行,表明它具有能改变重力的巨大影响力,而这只有作为外星来客的UFO才能做到的。他认为,这颗被称为"黑色骑士"的奇特卫星很可能与UFO有联系。

1983年1—11月间,美国发射的一颗红外天文卫星在北部天空执行任务时,在猎户座方向两次发现一个神秘莫测的天体。而两次观测这个天体时隔6个月,这表明它在空中有相当稳定的轨道。

1988年12月,前苏联科学家通过地面卫星站也发现了一颗神秘的巨大卫星出现在地球轨道上,他们当时以为这是美国"星球大战"中的卫星。稍后前苏联方面才知道,美国的科学家也在同一时间发现了那颗神秘的卫星,而美国人则以为它是属于前苏联的。

经过美苏两国高层官员通过外交途径接触和讨论,双方明白那颗卫星是出自第三者。以后的一系列调查表明,法国、联邦德国、日本或地球上任何有能力发射卫星的国家都没有发射它。

巴黎天文台

据前苏联卫星和地面站的跟踪显示，这颗卫星体积巨大，具有钻石般美丽的外形，外围有强磁场保护，内部装有十分先进的探测仪器。它似乎有能力扫描和分析地球上的每一件物体，包括所有生物在内。同时，它还装有强大的发报设备，可将搜集到的资料传送到遥远的外太空去。

1989年，前苏联的宇航专家莫斯·耶诺华博士向媒体公开了此事。他认为，这枚卫星是1989年底出现在地球轨道上的，经过分析表明，它肯定不是来自地球。因此他郑重表示，前苏联将会"出动火箭去调查，希望能把事情查个水落石出。"

此事被披露后，来自世界各地的200多位科学家都表示愿意协助美苏去研究这颗可能是来自外太空某个星球的人造天体。

科学家经过研究发现，运行在地球轨道上的不仅有完好的外来人造卫星，而且有爆炸后存留的外星太空船残骸。前苏联科学家在20世纪60年代初期，就首次发现了一个离地球2 000千米的特殊太空残骸。经过多年研究，他们才确信那是由于内部爆炸而变成10块碎片的外星太空船的残骸。

莫斯科的著名天体物理学家玻希克教授说，他们使用精密的仪器追踪了这10片破损的残骸轨道，才发现它们原先是一个整体，据推算它们最早是在同一天——1955年12月18日——从同一个地点分离出来的，显然这是由一次强烈的爆炸导致。

世界顶级的前苏联天体物理研究者克萨耶夫说："其中2个最大片的残骸直径约有30米，外面有一定数目的小型圆顶，装有望远镜、碟形天线以供通信之用。此外，它还有舷窗供探视使用，内部设备也非常先进。而太空船的体积显示出它有好几层，大概有5层左右。"

另一位前苏联物理学家埃兹赫查也强调说："我们搜集到的所有证据都表明，那是一艘因为机件故障而爆炸的太空船"。他认为，太空船上极有可能还存在着外星人员的遗骸。

总之，无边神秘的宇宙给我们带来了无限的猜想，制造了种种的"谜团"。直到科技发达的21世纪，我们的科学家依然不知道这5万年前被发射升空的人造卫星究竟是从哪里来，它幕后的主谋又是谁，它来这儿的目的到底又是什么。

知识点

### 巴黎天文台

巴黎天文台位于法国首都巴黎，是法国的国立天文台，在巴黎、墨东等地建有观测基地。巴黎天文台是法国国王路易十四于1667年下令开始建立的，1671年完工，首任台长是法国著名天文学家卡西尼。1679年，巴黎天文台出版了世界上第一部天文年历，利用木星卫星的掩食帮助船舶测定经度。1863年，天文台出版了第一份现代意义上的气象图。1913年9月，巴黎天文台用埃菲尔铁塔做天线，接收美国海军天文台发出的无线电信号，精确测定了两地的经度差。巴黎天文台还曾是国际时间局的所在地，直到国际时间局于1987年解散。

 延伸阅读

### 人造地球卫星

人造地球卫星是环绕地球在空间轨道上运行（至少一圈）的无人航天器。它基本按照天体力学规律绕地球运动，但因在不同的轨道上受非球形地球引力场、大气阻力、太阳引力、月球引力和光压的影响，实际运动情况非常复杂。人造卫星是发射数量最多、用途最广、发展最快的航天器。其发射数量约占航天器发射总数的90%以上。前苏联在1957年10月4日发射人类首颗人造地球卫星，揭开了人类向太空进军的序幕，大大激发了世界各国研制和发射卫星的热情。中国于1970年4月24日成功地发射了第一颗人造卫星"东方红"1号。

## 探索地外生命

在时间和空间无穷大的宇宙中,有数也数不清的与地球环境类似的天体。据天文学家估计,仅银河系就有约100万颗条件类似地球的行星或卫星,在这些天体上,外星人是很有可能生存的。不过我们至今还未发现外星人的踪影。人们怀疑许多不明飞行物和外星人有关,但这仅仅是猜测而已。

生命只能出现在能发出光和热的恒星周围的行星上,但并非所有恒星都必然带有行星。星云说认为,恒星是从自转着的原始星云收缩形成的。收缩时因角动量守恒使转动加快,又因离心力的作用星云逐渐变为扁平状。当中心温度达700万摄氏度时出现由氢转变为氦的热核反应,恒星就诞生了。盘的外围部分物质在这过程中会凝聚成几个小的天体——行星。

星云说可以合理解释许多观测事实,但也存在一些困难。另一方面,计算机理论模拟计算表明,如果星云物质在收缩过程中没有角动量转移,那结果不会形成一个中央恒星和周围一些小质量行星,而是会形成双星。在双星系统中即使形成行星,不用多久它们也会落入某颗恒星中,或者被抛入宇宙空间,不可能长期在恒星周围存在。

看来大自然给原始星云两种发展的可能:物质保持它原有角动量,演化后形成双星;或者两者在演化过程中恰到好处地分道扬镳,结果生成中央恒星以及绕它运转的行星。

生物的进化是一种极为缓慢的过程,所经历的时间之长完

到茫茫宇宙中寻找外星生命

全可以同太阳的演化过程相比。化石的研究发现，早在35亿年前地球上就已有了一种发育得比较高级的单细胞生物，称为蓝—绿藻类。根据恒星演化理论以及对地球上古老岩石和陨星物质的分析知道，太阳和地球的形成比这种生物的出现还要早10亿～15亿年。太阳系形成后大约经过50亿年之久地球上才有人类。

现在设想把每50亿年按简单比例压缩成1"年"。用这样的标度1星期相当于现实生活的1亿年，1秒钟相当于160年。从宇宙大爆炸起到太阳系诞生，已经过去了大约2年时间。地球是在第3年的1月份中形成的。3、4月份出现了蓝—绿藻类这种古老单细胞生物。嗣后，生命在缓慢而不停顿地进化。9月份地球上出现了第一批有细胞核的大细胞，10月下旬可能已有了多细胞生物。到11月底植物和动物接管了大部分陆地，地球变得活跃起来。12月18日恐龙出现了，这些不可一世的庞然大物仅仅在地球上称霸了一个星期。除夕晚上11时北京人问世了，子夜前10分钟尼安特人出现在除夕的晚会上。现代人只是在新年到来前的5分钟才得以露面，而人类有文字记载的历史则开始于子夜前的30秒钟。近代生活中的重大事件在旧年的最后数秒钟内一个接一个加快出现，子夜来临前的最后一秒钟内地球上的人口便增加了两倍。

由此可见地球诞生后大部分时间一直在抚育着生命，但只有很短一部分时间生命才具有高级生物的形式。

现在我们看到了，智慧生物的诞生要求恒星必须至少能在约50亿年时间内稳定地发出光和热。恒星的寿命与质量大小密切相关。大质量恒星的热核反映只能维持几百万年，这对于生命进化来说是远远不够的。只有类似太阳质量的恒星才是合适的候选者，银河系内这样的恒星约有1 000亿颗，除双星外单星大约有400亿颗。单星是否都有行星呢？遗憾的是我们对其他行星系所知甚少，但是确已通过观测逐步发现一些恒星周围可能有行星存在。考虑到太阳系客观存在，甚至大行星还有自己的卫星系统，不妨乐观地假定所有单星都带有行星。

有行星不等于有生命，更不等于有高等生物。关键在于行星到母恒星的距离必须恰到好处，远了近了都不行。由于认识水平所限我们只能讨论有同地球类似环境条件的生命形式，特别要假定必须有液态水存在。太阳系有八大行星，但明确处在能有条件形成生物的所谓生态圈内的只有地球。金星和火星位于生态圈边缘，现已探明在它们的表面都没有生物。

对一颗行星来说，能具有生命存在所必须满足的全部条件实在是十分罕见的。太阳系中地球是独一无二的幸运儿。详细计算表明，在上述400亿颗单星中，充其量也只有100万颗的周围有能使生命进化到高级阶段的行星。

天文观测表明，除少数例外，整个宇宙中化学元素的分布相当均匀，因而完全有理由相信在遥远行星上也能找到构成全部有机分子所需要的材料。事实上已经在不少地方发现了许多比较复杂的有机分子。因而可以认为，生命在某个地方只要理论上说可以形成，实际上也确实会形成。于是银河系中就会有100万颗行星能有生命诞生，不过每颗行星上的生命应当处于不同的进化阶段。

作为探索宇宙奥秘的工作的一个部分，科学家也在积极地探索地球以外的生命，也在积极地搜寻有没有外星人的信息。这种科学的探索早在20世纪50年代就开始了。1959年，科可尼和莫里森两人合写了一篇文章，登在英国著名的《自然》杂志上。文章说根据他们的计算，如果宇宙中别的地方有智慧生命，而且它们的科学水平和我们1959年的水平相当。那么，它们应该可以收到地球人发射的无线电信号。同样，如果它们想向我们发射无线电信号，我们也可以收到。尽管距离极其遥远，需要几千、几百年才能交谈一句话，但是毕竟是可以交流的。他们俩还研究了进行星际无线电波交流的最佳波长，这个波长是氢原子的21厘米波长。因为，氢是宇宙中最丰富的元素，而且它的21厘米波长也容易探测到。

这篇文章大大地激发了人们探测地外文明的热情，增强了人们探索的信心。因为它告诉我们，只要有外星人，只要外星人的科技水平和我们差不多，我们之间就可以互相交流。这篇文章是科学地探测外星人的开始。

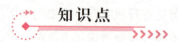

### 《自然》杂志

《自然》杂志是1869年诺尔曼·洛克耶爵士创办的，洛克耶是一位天文学家和氦的发现者之一，他也是《自然》的第一位主编。《自然》是全世界最权威及最有名望的学术杂志。虽然今天大多数科学期刊都专一于一个特殊的领域,《自然》是少数依然发表来自很多科学领域的一手研究论文的期刊。在许多科学研究领域中,每年最重要、最前沿的研究结果是在《自然》中以短文章的形式发表的。《自然》的主要读者是从事研究工作的科学家,但期刊前部的文章概括使得一般公众也能理解期刊内最重要的文章。期刊开始部分的社论、新闻及专题文章报道科学家一般关心的事物,包括最新消息、研究资助、商业情况、科学道德和研究突破等。期刊也介绍与科学研究有关的书籍和艺术。期刊的其余部分主要是研究论文,这些论文往往非常紧密,非常具有技术性。

### 搜寻宇宙生命的里程碑

地球是宇宙中人类唯一能栖居的星球吗?这个困惑推动着天文学家不断向宇宙深处探索。

2007年4月,欧洲天文学家首次在太阳系之外发现了一颗可能适合人类居住的行星,名为"581c",是因为它围绕着一颗叫Gliese 581的红矮星运转。这颗行星温度同地球相似,大小也跟地球差不多,可能还有液态水。天文学家将此次发现称为"搜寻宇宙生命的一个重要里程碑"。

科学家关于宜居星球的基本定义是:大小跟地球差不多,有类似地球的温度,有液态水。就太阳系来看,只有火星还算接近。

从理论上说,"581c"应该有大气层。不过大气层的成分还是个谜。研究人员估计,"581c"上温度适宜,平均温度为0℃~40℃。它是迄今发现的一颗最小行星,也是第一颗位于母星可居住地带的行星,因此增加了它表面存在液态水甚至生命的可能。

## 发给外星人的"地球名片"

拜访或跟人联系，初次见面时，呈上自己的名片显得很自然，也很有礼貌。地球的"名片"是送给谁的呢？上面又写些什么呢？

"地球名片"是送给"外星人"的。科学家认为，"外星人"是可能存在的，或者把他们叫做高等智慧生物吧。茫茫宇宙中有那么多的星球，只要某颗星球上具备了像地球这样的环境和条件，以及有利于生物发展的其他条件，生命就会产生和发展起来。地球上的人类不是也决不可能是宇宙间的孤独者。尽管直到今天，我们还没有找到"外星人"的可靠线索，我们不妨在继续寻找的同时，对外发布消息，宣告人类的存在。也许"外星人"也正在宇宙的某个"角落"，向周围张望，寻找我们呢！

1972年3月和1973年4月，美国先后成功发射了"先驱者10号"和"先驱者11号"探测器，它们携带着两张完全一样的"地球名片"，飞离太阳系，在茫茫宇宙中寻找"外星人"。

"地球名片"上写着什么呢？它是一块22.5厘米长、15厘米宽的镀金铝板。"名片"的左半部从上到下是：氢原子的结构，氢是宇宙间最丰富的化学元素，哪儿的科学家都懂得这一点；放射线代表离地球最近的一些脉冲星的位置；最下面的1个大圆圈和9个小圆圈分别代表太阳和九大行星（那时太阳系的行星还没排除冥王星），探测器则是从第三颗行星——地球发射出去的。名片的右半部分主要是一男一女的画像，代表地球上的人类。尽管"外星人"的形态可能与我们有很大差别，科学家们相信人类的形象不大可能被误解，尤其是男的，正举手致意。

1977年8月和9月，人类又成功

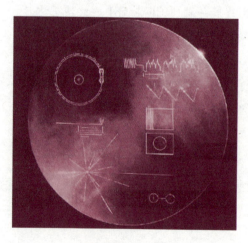

传播人类文明的唱片

发射了"旅行者1号"和"旅行者2号"探测器，再次向"外星人"作了更详细的"自我介绍"。这次，它们各自携带了一张称为"地球之音"的唱片，上面录制了丰富的地球信息：这两张唱片都是镀金铜质的，直径为30.5厘米。唱片上录有115幅照片和图表，35种各类声音，近60种语言的问候语和27首世界著名乐曲等。

115幅照片中包括我国八达岭长城，以及中国人围坐在圆桌旁吃筵席的情景。此外还有太阳系、太阳在银河系中的位置和银河系大小等示意图，卫星、火箭、望远镜等仪器设备和各种交通工具的图片，等等；35种声音包括风、雨、雷电声，火箭起飞和交通工具行驶时的声音，以及成人的脚步声和

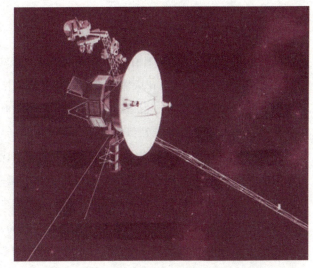

旅行者1号

婴幼儿的哭笑声；60种问候语中有3种是我国南方的方言，即广东话、厦门话和客家话；27首著名乐曲中有贝多芬的交响曲，脍炙人口的圆舞曲，以及用古琴演奏的中国乐曲《高山流水》等等。

两张唱片将在何时、被哪颗星球上的智慧生物捡拾到呢？我们不得而知。从它们现在飞行的方向来看，公元4万年时，"旅行者1号"将从一颗很暗的星（AC+793888）附近飞过，而"旅行者2号"将在公元35.8万年时飞越天狼星。如果在这些星及其附近空间存在智慧生物的话，它们有可能被截获。

那些肩负重任的探测器，在宇宙中与"外星人"相遇的机会少得可怜，它们有可能要在茫茫宇宙中遨游几十万年、几百万年甚至上亿年。为了保护这些地球信息不受损坏，完好地到达宇宙深处可能存在的智慧生物手里，唱片外面还包了一层特制的铝套，可使唱片保存10亿年而不毁坏。

地球人自我介绍的这两张"名片"，究竟会在何年何月到达哪个天体上哪位"外星人"的手中，谁都无法说清楚了。

## 知识点

### 旅行者1号探测器

"旅行者1号"探测器自身重为816千克，携带105千克的科学探测仪器。它是1977年9月5日从佛罗里达州的卡拉维拉尔角发射场发射入轨的，它担负着与可能存在的"外星人"进行联系的重任。美国国家航空航天局官员称，他们原本打算让该探测器进行为期4年的宇宙航行，对木星和土星进行科学探测。由于"旅行者1号"飞船采用了优良的控制系统并配有后备运行系统，采用核动力技术以放射性元素钚作燃料，装备了防辐射光学玻璃及电子元件等措施，"旅行者1号"不仅完成了对木星和土星的探测任务，而且还越飞越远，不断向太空深处进发，并向地球发回了许多前所未见的关于天王星和海王星的宇宙图片。"旅行者1号"目前正处于太阳影响范围与星际介质之间，将于2012年真正意义上飞出太阳系。

## 延伸阅读

### 旅行者1号飞行新动态

2011年12月8日消息，美国宇航局的旅行者1号探测器已经进入太阳系边缘和恒星际空间之间的一个新区域。去年到现在它传回的数据显示这是一个过渡地带：从太阳发出的带电粒子（所谓的"太阳风"）在这里开始减速，而太阳磁场在这里遭到阻滞，出现堆积。太阳系内侧的高能粒子则似乎正通过这一地带"逃逸"进入外侧的广阔恒星际空间中去。

尽管目前旅行者1号距离太阳的距离已经超过180亿千米，但是它仍然没有抵达真正的恒星际空间，即飞出太阳系。在它最近发回的数据中，可以看到太阳磁场在该区域的方向仍然没有显示扭转的迹象，这显示旅行者 1 号目前仍然位于日球层内侧，所谓的日球层是一个由大量带电粒子围绕太阳形成的一个气泡状区域，是太阳将自己和宇宙的其他部分区分开的一道屏障。目前的数据尚无法让科学家们判断它究竟还需要多久才能真正穿过太阳系的边缘地带，首次进入恒星际空间，但是科学家们普遍认为这一时间点即将到来，可能就在接下来的数月或一年之内。

# 外星人大猜想

### 外星人形象之谜

外星人的形象是什么样的？根据一些目击者报告，可以知道，其形象是多样的。主要有以下几种：

**矮人型**

身高 0.9~1.35 米，显得头很大，前额突出，没有头发、鼻梁和牙齿，下巴很小，鼻子只是两道缝。手臂很长，双肩很宽。穿着金属制成的上衣连裤服或潜水服。

**地球人型**

其形态与地球人很接近，身高 1.20~1.80 米，长相不丑陋。皮肤黝黑，穿着贴身的上衣连裤服。

**巨爪型**

身高变化大，在 0.60~2.10 米之间。手臂特别长，"手"是巨大的爪。

**飞翼型**

体型有高有矮，

外星人形象

在 1 到 2 米之间,背上有翅膀,能够自如地飞翔。

**机器人型**

这种"机器人","型号"较多,可以是各种各样的,总的来说,属于矮人,有头,没有面部器官,头顶上有天线。

除矮人型"常见"外,其他类型的情况较少。因为没有更多的"实物",划分类型还是困难的。首先,这几种类型是不是都属于外星人(类人生命体)?如果旁边没有不明飞行物的话,有的就会被认成"怪兽"的。

如果这些目击者报告是真实的,那么,外星人形象为什么有这样大的差异,难道它们不是同一个地方来的吗?

### 苏美发现外星人尸体之谜

前苏联科学家杜朗诺克博士在南斯拉夫宣布:1987 年 11 月,前苏联一支科学探险考察队在戈壁沙漠中,发现了飞碟。当时,它半埋在沙堆中,直径为 22.87 米。而在这个飞碟中,居然还有 14 具外星人的尸体。可能是由于干旱的原因,这些尸体都没有腐烂。

这又给外星人存在的真实性,提供了证据。据科学家推测,这架飞碟至少在 1 000 年前就坠毁了,这也给世界各国古籍中所记载的不明飞行物,提高了可信度。

所发生的一系列飞碟坠毁事件,也自然使我们产生新的疑问:为什么多在沙漠戈壁上出事?飞碟怎么会没有避难装置呢?坠毁的原因可能会是什么呢?飞碟中的外星人为什么与飞碟"共存亡"而不"跳伞"呢?

自然,人们也还希望发现飞碟残骸的国家,能公布关于飞碟构造、性能方面的研究成果。不过,这可能是很难办到的。

1953 年夏。一个飞碟在美国亚利桑那上空发生故障,一半陷在沙子里。美国军方派人赶到,发现里面有 5 个类人生命体,胳膊特别长,手上有 4 个手指,指间有蹼。其中一个似乎还活着,但几经努力没能救活他。

1962 年,一架飞碟在美国新墨西哥州的某空军基地附近坠毁。飞碟直径有 17 米,由地球上还没有的金属制成。在飞碟残骸里,有两个类人生命体,身高只有 1 米左右,头比地球人大,鼻子只是小小的突起,嘴唇很薄,一对小耳朵没有耳郭。

看来，外星人是存在的。但他们从哪里来的呢？据参加解剖的人说，外星人的肺与地球人没什么不同，由此推测，他们的"家乡"也是一个氮气多于氧气的地方。哪个星球有这种条件呢？

人们也许会突发奇想，他们会不会是地球人呢？比如：海底人、地底人……

### 外星人释放"试验品"之谜

巴西科学家狄米路对新闻界声称，他在亚马孙雨林里发现了600多名被UFO绑架而神秘失踪了多年的人。这可是一件震惊世界的发现。

这些受害者是生活在地球上各个角落的人，最小的只有6岁，最老的是85岁。他们的身体看来还健康，但其中数十人的额上，留有被外星人做医学实验时切开的痕迹。他们经历了最可怖的外太空接触，被捉去做奴隶，接受医学实验，或者被当作动物关在笼子里展出。至于绑架他们的外星人是什么模样。他们只字不敢透露。因为有半点透露，便有可能再被外星人杀死。

巴西军方对狄米路博士所说的没有加以评论。这是真实故事，还是天方夜谭？

高度发达的外星球，需要"笨手笨脚"的地球人去做苦力吗？外星人为什么不把他们送回家里而送到南美原始森林，却又不加看管呢？如果为了保密，消息灵通的外星人怎么不趁人类把他们转移时进行拦截呢？

### 外星人的确来过地球吗

一些古代的地图，竟然精确地描绘出了现代人才发现的地方，这不由得让人们想到了这是超人类文明的杰作。这些超文明不仅仅在人类之前就对地球的状况了如指掌，而且还将其智慧成果的一部分留给了人类……这些超文明是不是就是外星文明呢？人们还在不断地探索和求证。

据俄罗斯媒体报道，通过对历史上一些古老地图的研究，一些西方科学家得出一个令人难以置信的结论：他们越来越相信，外星智能生物不仅曾在地球上出现过，并且其智慧可能已被我们人类部分地传承了下来。外星智能生物可能来过地球的最明显标记就是一些古老而神秘的地图。人类先辈不可能绘出这些地图，那么，这些神秘的地图最初到底出自谁之手？

在所有的神秘地图中,最著名的自然要数16世纪初土耳其海军司令皮利·雷斯上将收藏的雷斯地图了。在雷斯地图上,可以看到用土耳其语密密麻麻注释着的美洲新大陆的地形,其板块一直延伸到了拉丁美洲的最南端。让人称奇的是,除了南、北美洲和非洲海岸线外,甚至连南极洲的轮廓都丝毫不差地描绘在了雷斯地图中。可是南极山脉6 000年来一直被冰雪覆盖着,人类直到1952年才靠回声仪的帮助将其测绘出来,雷斯地图的最早绘制者又是如何知道冰雪下的南极山脉形状的呢?一个最大的可能,有关南极的地图,在南极洲冰封之前,已经问世。古地图研究者冯·丹尼肯对此得出的结论是:我们的祖先不可能绘出这样精确的高空投影地图,因此,只有外星智能生物或某个已经消失的地球高级文明才能解释这幅神秘地图的起源。

另一幅著名的神秘地图名叫弗兰科·罗赛利地图,如今它被保存在英国格林尼治国家海洋博物馆里。这幅地图有28厘米长、15厘米宽,它出自15世纪一位著名的意大利佛罗伦萨制图师之手,绘图法在当时仍是一门新兴的实验性艺术。

令人惊讶的是,罗赛利地图对南极洲也具有非常精确的描绘,在罗赛利地图上可以清晰地看到罗斯海和威尔克斯地的形状。人们不禁要问,这幅地图大约绘于1508年,那个时候南极洲压根儿还未被人类发现,确切地说过了好几个世纪后,直到1818年南极洲才被欧洲人发现,那么,南极地形怎么会突然出现在一张16世纪初的意大利地图上?和雷斯地图一样,罗赛利地图同样运用了高空测量技术。虽然地图上也有一些错误,但这些错误都发生在更北部的纬度附近,颇具讽刺意味的是,这些绘错的地区对15世纪的人们来说反倒已经没有了任何神秘之处。很显然,罗赛利地图也是一份古老原作的复制品而已。其他类似的神秘古地图还包括1531年的奥朗蒂斯·芬纽斯地图上,竟绘出了被1.6千米厚冰层覆盖的南极河流。1559年绘制的哈德吉·阿曼德地图,这幅地图上竟清楚地绘出了冰河时代横跨西伯利亚和阿拉斯加的大陆桥轮廓。这些古地图表明,古人不仅知道这些地方的存在,且彼此间还保持着某种文化往来。那么,这种沟通是如何开始的呢?远隔重洋的古人是如何知道在跨过无边无际的大海后一定能够找到陆地的呢?

唯一合理的解释是走海路。可是就算树排能载着史前人类出海远航到澳大利亚,那么在茫茫大海中他们一定得知道此行的终点站,否则无异于自杀。就像航海家哥伦布知道自己要去哪里，他们肯定也有一个关于大陆的传说，或者，他们的手中有一张更古老的地图。人们不知道这一切是怎么发生的。

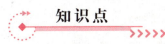

### 亚马孙雨林

亚马孙雨林位于南美洲，是世界上最大的雨林，其面积比欧洲还要大，有700万平方千米。它从安第斯山脉低坡延伸到巴西的大西洋海岸。亚马孙雨林对于全世界以及生存在世界上的一切生物的健康都是至关重要的。树林能够吸收二氧化碳，这种气体的大量存在使地球变暖，危害气候，以至极地冰盖融化，引起洪水泛滥。树木也产生氧气，它是人类及所有动物的生命所必需的。有些雨林的树木长得极高，达60米以上。它们的叶子形成"篷"，像一把雨伞，将光线挡住。因此树下几乎不生长什么低矮的植物。

### 神秘的51区

51区，位于美国内华达州南部林肯郡的一个区域，被认为是美国用来秘密进行新的空军飞行器的开发和测试的地方。1950年当美国政府在内华达州建立核武器试验地时，51区也被划入其中。在军事地图上，试验地被分区编号，"51区"因此得名。该地长久以来就有许多与UFO有关的传说，包括俘虏外星人、外星飞行器、地下秘密基地及美国政府与外星人的秘密协议等。

据称，在这个基地周围可以经常发现一些球形、三角形以及类似飞盘形状的不明飞行物，有相片和一些视频证据可以证明这些观察到的现象。

51区内有个外界所谓的"绿屋"，里面被认为是供国家首脑观看外星人冰冻尸体的地方，每一位新当选的美国总统都会前去参观。外界猜测，"绿屋"内可能不仅仅包括外星人的残骸，可能还有外星人乘坐的飞船碎片，该飞船是1947年坠毁的。

## 扑朔迷离的飞碟之谜

宇宙浩渺神奇，充满了奥秘。人类文明和科学虽然在不断地发展，但是人类对宇宙的了解还是很有限，有许多未知的世界，亟待人们去研究解密。

飞碟又叫UFO，中文意思是不明飞行物。20世纪以前较完整的目击报告有300件以上。据目击者报告，不明飞行物外形多呈圆盘状（碟状）、球状和雪茄状。20世纪40年代末起，不明飞行物目击事件急剧增多，引起了科学界的争论。持否定态度的科学家认为很多目击报告不可信，不明飞行物并不存在，只不过是人们的幻觉或是目击者对自然现象的一种曲解；肯定者认为不明飞行物是一种真实现象，正在被越来越多的事实所证实。到20世纪80年代为

飞碟与外星人

止，全世界共有目击报告约 10 万件。

不明飞行物目击事件与目击报告可分为 4 类：白天目击事件；夜晚目击事件；雷达显像；近距离接触和有关物证。部分目击事件还被拍成照片。人们对 UFO 作出种种解释，其中有：

①某种还未被充分认识的自然现象；②对已知物体或现象的误认；③心理现象及弄虚作假；④地外高度文明的产物。

世界上第一个亲自研究 UFO 的科学家是海尔曼·奥伯特博士，受德国政府之托，从 1953 年起的 3 年内，在约 7 万件目击报告中选出最可信赖的 800 件，从中推算 UFO 的航空工程性能，并得出这样的结论：科学可以把不可能和不能证实的问题看作可能，为了说明观察事实，必须有效地考虑作业假说。在已有作业假说中，UFO 是地外智慧生命操纵的飞行物，最适合观察事实。

1947 年 6 月的一天，一个美国人正驾驶着飞机在天空飞行。突然，他发现有几个巨大的圆盘形的东西向华盛顿州的莱尼尔山峰飞去。他估计这个"怪物"的直径有 30 多米。这消息一下成了轰动一时的世界新闻。因为这种"怪物"是圆盘形的，所以人们称它为"飞碟"。

飞碟，又名 UFO（英语 Unidenficed Flying Object 的缩写），意思是不明飞行物。20 世纪以来，千姿百态的飞碟频频光临地球，目击者成千上万。"飞碟"使许多探险家和科学家心向神往。它究竟是什么东西？是从什么地方飞来的？专家们众说纷云，其中最激动人心的说法是："飞碟"是其他星球上高度智慧的生物发射来的飞船，且不同形状的飞碟来自不同的星球。

事实上，飞碟之谜很早就有。我国宋代科学家沈括的《梦溪笔谈》中就有类似记载。"卢中甫家吴中，尝未明而起，墙柱之下，有光熠然，就视之，似水而动，急以油纸扇挹之，其物在扇中涅晃，正如水印，而光焰灿然，以火烛之，则了无一物。又魏国大主家亦常见此物。李团练评尝与予言，与中甫所见无少异，不知何异也。"清代画家的《赤焰腾空》被认为是一篇详细生动的飞碟目击报告。画面是南京朱雀桥上行人如云，皆在仰目天空，争相观看一团团熠熠火焰。画家在画面上方题记写道：'九月二十八日，晚间八点钟时，金陵（今南京市）城南，偶忽见火毯（即球）一团，自西向东，形如巨卵，色红而无光，飘荡半空，其行甚缓。维时浮云蔽空，天色昏暗。举头仰视，甚觉分明,立朱雀桥上,翘首跂足者不下数百人。约一炊许渐远渐减。有谓流星过境者,然星之驰也,瞬息即杳。此球自近而远,自有而无,甚属濡滞,则非星驰可知。有谓儿童放天灯者,是夜风暴向北吹,此球转向东去,则非天登又可知。众口纷纷,穷于推测。有一叟云,是物初起时微觉有声,非静听不觉也,系由南门外腾越而来者。嘻,异矣!"

## 知识点

### 《梦溪笔谈》

《梦溪笔谈》是北宋科学家沈括所著的笔记体著作。大约成书于1086—1093年,收录了沈括一生的所见所闻和见解。包括《笔谈》、《补笔谈》、《续笔谈》3部分。内容涉及天文、数学、物理、化学、生物、地质、地理、气象、医药、农学、工程技术、文学、史事、音乐和美术等。就性质而言,《梦溪笔谈》属于笔记类。从内容上说,它以多于1/3的篇幅记述并阐发自然科学知识,这在笔记类著述中是少见的。因为沈括本人具有很高的科学素养,他所记述的科技知识,也就具有极高价值,基本上反映了北宋的科学发展水平和他自己的研究心得,因而被英国学者李约瑟誉为"中国科学史上的坐标"。

## 延伸阅读

### "空中怪车"事件

1994年12月1日凌晨3时许,贵阳市北郊18千米处的都溪林场附近的职工、居民被轰隆隆似车的响声惊醒,风速很急,并有发出红色和绿色强光的不明物体呼啸而过。几分钟过后都溪林场马家塘林区方圆400多亩的松树林被成片拦腰截断。除了在车辆厂夜间执行巡逻任务的厂区保卫人员被风卷起数米并在空中移动20多米落下且无任何损伤外，没有任何的人畜伤亡，高压输电线、电话、电缆线等均完好无恙。

中国科学院院士欧阳自远解释，造成这一事件的原因是"下击暴流"或"陆龙卷"等自然现象。"下击暴流"现象是由雷暴引起的一种强烈的下沉运动。这种下沉运动可以在近地面附近形成一个非常大的向外扩散的水平风。雷雨、冰雹是诱发"下击暴流"现象的原因，这是经过当时气象学专家的实地考察得出的结论，也与当时贵州的气象条件相符。

但是，据现场一位勘察者描述，现场的落叶层没有被吹动的迹象。而"下击暴流"产生的辐射风吹到地面，树木倒地的形状应该是向四周辐射倒地的，这与现场情况有所出入。

## 光怪陆离的图像与符号

天空中出现一些光怪陆离的图像、一些古怪的符号、一些我们认识的拉丁字母……这些"天书"所要表达的是什么意思呢？

从俄罗斯的哈卡斯传来消息，一架飞碟在空中飞行时留下一个卵形大斑点。飞碟失踪后，这个大斑点突然变成一个神情专注的活生生的男人脸。这张"脸"沿天空缓慢地移动着，而且越来越远，后来变得模糊不清，渐渐"躲"到一片树林的后面。从泰伊峰镇方向同时观察到这一现象的拉·扎波罗茨卡娅强调说："当那张有'脸'似的东西失踪在树林后面时，森林上空便又出现一片运动着的彩色涟漪。"

人们对飞碟能在晴朗天空中"塑造"出如此之多怪异的形象的奇功异能惊叹不已。而且，飞碟在变幻出这些现象后马上失踪。飞碟留下的这些变幻莫测的空中奇观能以烟雾和光的形式存在。

1967年10月10日，俄罗斯地球物理观测站研究员瓦连金娜·德米特莉琳卡，在季克西港上空发现一个由红色和浅黄色光交织成的某种难以置信的生物，它有一张某个地方令人熟悉的美丽"面孔"，这张"脸"像是用发光的宝石组成的，犹如一双星星般的眼睛在看着我们……这一现象伴随有从收音机里发出的一种奇怪的说话声——"这在你们看来还是一种奇特而罕见的飞碟现象。"

1983年11月23日,在俄罗斯中科雷姆斯克上空出现一个约50岁男人的"人头像",这一现象在空中持续了3个多小时,目击者多达数百人。

宇航学之父齐奥尔科夫斯基在他的《宇宙的意志·不明智能力量》一书中写道:"现在还不能宣布我在40年前看到的事情,因为它太难以置信了。"其实,齐奥尔科夫斯基当时在离地平线不高的半空中看到一块有4个尖的很规整的十字架形云彩,它后来变成一个人的形体:这个人的形体虽然不大而且模糊不清,但他的四肢和躯干明显地表现出他是个很正常的人类,就像从纸上剪下来似的。后来,这一云朵又变成相貌不同的人形,它们看上去很像几个著名的现代人物——俄罗斯卡缅斯克沙赫京斯基的伊琳娜·伊万诺娃和弗拉季,高加索的塔·图阿耶娃及许多其他人。

齐奥尔科夫斯基

离奇古怪的神秘事件还有"萨利斯克密码":1989年9月15日,在俄罗斯罗斯托夫州的萨利斯克市上空突然出现一些数字和符号。这些符号清清楚楚地写在几个长方形里。目击者们发现,这些长方形在空中的出现有严格的先后顺序,它们悬停在空中不高的地方,是一个接一个出现的,就像有人从地下向空中抛出来似的。出现这些长方形的区域延伸长约15千米。有些目击者认为,这可能是向地球居民暗示某些含义深奥的"天书"。当然目击者看到的这些图像是各不相同的。

有人在解释这一现象时认为,这只是喷气式飞机飞过后留下的一行反作用沉降物。而有的科学家认为,这种解释不切实际,因为许多目击者和研究人员通过多次观察证实,喷气式飞机飞过时在空中留下的喷气反作用沉降物区域与天空中出现上述怪异现象原区域之间没有什么共同点。

早在1985年12月22日，在俄罗斯的兹维列沃市上空也曾出现过两个符号，接着这两个符号又分裂出一些同心圆圈。1989年8月23日，在出现"萨利斯克空中奇观"之前的一个月里，在沙波列夫车站上空出现7个白色平行四边形，它们是按（3＋3＋1）的数目成组分布在空中的。当时尽管风很大，但是它们在空中一动不动。

自1990年起，空中经常出现神秘现象：在俄罗斯克拉斯诺达尔边区乌斯季拉宾斯基上空出现一个带有奇怪"符号"的乳白色空间，这些奇怪"符号"人们前所未见，实在让人难以捉摸。而且很奇怪，这一空间是在3个飞碟失踪后立刻出现的。

后来，在勘察加上空突然出现3个拉丁字母"SWA"，然后又一下子失踪了。1990年11月10日晚5时，在俄罗斯加里宁格勒州上空出现几个白色长方形，尽管当时刮着风，但这些长方形雷打不动，在其中的一个长方形里还出现两个字母"S"和"L"，还有其他一些东西……在发现这些符号之前或之后，曾出现过圆盘形、菱形和星形飞碟。

这些奇异"符号"能映射在物质"屏幕"上，可以说能映射到楼房等建筑物的墙壁上。

在俄罗斯的萨马拉，一座九层高的楼房侧墙上忽然无端地映出拉丁字母"S"、"C"等。在圣彼得堡附近和沃罗素夫小城，一座五层楼房的整个楼体上曾出现一些无人认识的发光的怪异文字。

这是怎么出现的？这不太像"天书"之谜破解之前地外文明试图同地球人类建立接触的一种尝试，可能有人正在从中推算出遥远未来的结论——好像正在推算"世界末日"来临的时间。即便是外星人真想同我们地球文明建立接触，导演出这样一些类似人脸的离奇古怪的"恶作剧"来也没有必要，除了在暗示我们，在这些"恶作剧"的背后尚看不出还有什么其他意义。这能否是天外来客馈赠给我们地球人类的某种"艺术杰作"？我们怎样理解他们那种超越地球现代人类知识水平的不可思议的逻辑？我们才刚刚开始认识比我们的想象丰富得多的充满奥秘的宇宙，可能还存在比我们更加高超的艺术家，这一结论要想证实还需要一段时间。

## 知识点

### 齐奥尔科夫斯基

齐奥尔科夫斯基（1857－1935），俄国科学家，现代航天学和火箭理论的奠基人。童年因听觉几乎完全丧失辍学，14岁以后主要靠自学，读完中学和大学数理课程。1903年发表了世界上第一部喷气运动理论著作《利用喷气工具研究宇宙空间》，提出了液体推进剂火箭的构思和原理图，并推导出在不考虑空气动力和地球引力的理想情况下，计算火箭在发动机工作期间获得速度增量的公式，指出发展宇航和制造火箭的合理途径，找到了火箭和液体发动机结构的一系列重要工程技术解决方案，为研究火箭和液体火箭发动机奠定了理论基础。他有一句名言："地球是人类的摇篮，但人类不可能永远被束缚在摇篮里。"

## 延伸阅读

### 日全食时出现的不明飞行物

1991年7月11日，随着日全食的发生，墨西哥城渐渐陷入黑暗。上千人把摄像机镜头对准天空，拍摄这一奇观。不明飞行物研究员吉列尔莫·阿雷金说："我到屋顶上去拍摄日全食，却看见空中有一个亮点。于是，我把镜头对准了它。我意识到，我正在拍摄的是一个来回摆动着的不明飞行物，不是什么行星或恒星。"

接下来的那几天里，各地都出现了不明飞行物目击报道，知名调查记者贾米·莫桑，主持了一个长达10小时的节目，讨论不明飞行物目击事件。

贾米·莫桑说："这段节目播出后，有很多人打电话来，说看到了。可以清楚地看到一个发光物体像是金属的，底下还有黑色的阴影。这是一个银色的碟状物体。我们相信这不是恒星，也不是摄像机的失真问题。这段录像证明，飞碟确实存在。那一天彻底改变了我的人生，因为从那一刻开始，人们只想听我谈论更多有关不明飞行物的事。"

也有人认为，这些证据不至于有那么大的影响力。作家阿科斯塔曾与莫桑就1991年日食目击事件展开辩论。他认为，公众对不明飞行物的狂热，多半是由贾米·莫桑本人而不是外星人到访引起的。

## UFO现象大猜想

美国某飞机制造厂同美国科罗拉多大学联合成立了UFO调查委员会，委员会成立于1948年。1976年前苏联国防部成立了UFO研究会等国家级研究机构。他们对UFO现象提出假设，研究结果大体有以下4种：

第一，自然现象学说。把闪电、流星、飞鸟群、人造卫星、气象观测器等错认为飞碟。它的代表性假设是"放电现象假设"。这种放电体形成了5万~10万伏特强大电压，从暴风云中分离出来游荡在大气层中，并在发生闪电后瞬间失踪。这种放电体就是UFO整体，晴天也会时常出现。这种假设固然能够解释有关UFO大部分特征。但是，放电现象最长不超过十几秒，且同暴风雨密切关联。而多数不明飞行物却同气象无关联。放电大小只有4~5厘米宽，UFO比它大数百甚至数千倍。所以，这种学说说服力并不强。

第二，同地球上文明体有关联的学说。提出强国秘密兵器说，如第二次世界大战的法西斯余党制造碟形飞行体，并进行试飞。由于假设依据不能令人信服，也不符合常识规律，因此，这个学说也没有多大说服力。

第三，全身投影学说。即人类无意识的内在心理原型的投影现象说。换句话说，把虚像错觉为实体。这种理论说明不了UFO的全部现象，只能说明瞬间失踪、分离与合体选择性出现的现象。但虚像不能被捕捉在雷达中，它也解释不了分明有飞碟着陆的痕迹以及飞碟被照相和摄像等事实。

第四，外界起源学说。就是说，飞碟是从地球以外的遥远的宇宙行星上飞来的飞行物体。外星人比地球人类拥有更高的智商，像我们去月球或火星探索一样，他们也到地球上来。这种学说按现代科学原理不可能完全说明UFO现象，但现在绝大多数人相信外界起源说。

认为UFO是外星人的飞行器者，据此提出了种种理由，归纳起来有以下几条：

（1）外星人之所以不与地球人进行公开的正面接触，是由于我们地球人的文明程度比他们低得多。他们还不能与我们直接沟通，正如人不能与猴子沟通一样。

（2）外星人已掌握无限延长生命的方法。同时，他们已不像地球人那样依靠食物维持生命，他们已能利用气功辟谷来维持生命，并且已能利用宇宙射线作为飞行器动力（能巧妙地转化宇宙的能量），因此不必携带食品和燃料。

（3）人类的历史在宇宙的演化中只是沧海一粟，现有的科技水平只是人类认识自然世界过程中的一个阶段，并不是认识自然世界的顶点。还有更多的情况，更多的运动规律我们并不了解，我们的知识水平很有限，外星人的文明程度很可能遥遥领先于我们。

（4）按照宇宙全息统一论的观点，宇宙各处是全息的。既然在太阳系这个较为年轻的天体系统中能产生高级生命，那么我们就应该相信在浩瀚无边的宇宙中某些星球上也能形成与地球相似的条件，其生物也必然从低级向高级逐渐发展，最后产生出高级智慧生命体。如果外星人比地球人早诞生几千万年、几亿年，其智慧要远远在我们之上。

目前在UFO研究领域中，关于人们对不明飞行物与人类关系方面，较为公认的描述是4类接触方式：

第一类接触：指目击者看到一定距离内的UFO，但是未发生进一步的接触。在四类接触中，这类接触的发生率最高。我们常常看到类似的节目和报道，某某某处发现不明飞行物，某某某人目击不明飞行物，某某某人拍照或者摄录下不明飞行物的图片或影片等等。

第二类接触：指UFO对环境产生影响，如使汽车无法发动，在地上留下烧痕或印痕，对植物和人体产生物理生理效应。1994年贵州省贵阳都溪林场突发的事件就被归纳为这种接触方式。

第三类接触：指UFO附近出现的人型生物，与我们地球人类面对面的接触，包括握手、交谈、性接触及人类被绑架。这类也是接受质疑最多的一种，毕竟经历这种接触的人凤毛麟角，而他们这类接触过程往往都是通过事后描述记录下来，很难留下什么确实的证据。不过，一般而言，在事后记录时，当事人往往需经过催眠才能再现出与外星生命接触的过程。对于承认催眠科学性的人们而言，这类证据还是可以得到认可的，至少不会被认为是经历者的有意编纂。

第四类接触：指心灵接触。人类并没有直接看到UFO或人型生物，但是它们透过人类的灵媒，传下一些特殊的信息。指目击者看到UFO附近出现类似人样的生物，但他们未与目击者发生更进一步的接触。这里提供的资料，也是一种二手资料的形式，但是比起第三类接触，这种方式似乎更难使人信服。

## 知识点

### 辟 谷

辟谷又称"却谷"、"绝谷"、"绝粒"等，即不吃五谷，而是食气，吸收自然能量。过去道家当做修炼成仙的一种方法，而今是辟谷养生指导师运用能量来修养身心。人食五谷杂粮，在肠中积结成粪产生秽气；同时，道家认为清除肠中秽气积除掉三尸虫，必须辟谷。为此道士们模仿《庄子·逍遥游》所描写的"不食五谷，吸风饮露"的仙人行径，企求达到不死的目的。不过，从气功养生、修炼的角度讲，通过定期和不定期的辟谷，可使细胞处于"缺食夺气"的状态，使人体内外气相通，产生天人合一功效，加速细胞与外界物质和能量的交换，夺取大自然的宇宙真气（灵能），同时使人更易放松入静，大脑潜能得以开发，启智开慧，是修为层次提高的捷径。同时还可降低体温，减缓人体脉搏跳动的次数，延缓衰老，健康长寿。

## 延伸阅读

### 追寻不明飞行物

1978年12月21日，新西兰的飞机驾驶员史诺杜在科克海峡看到了不明飞行物。正在新西兰度假的澳大利亚记者佛嘉迪听到这个消息，便邀请史诺杜和墨尔本的一个电视摄影小组专门在科克海峡寻找不明飞行物。

30日这天，他们发现UFO尾随飞机，并与飞机保持20千米左右的距离，看起来像个巨大的光球。摄影师抓住机会，拍下了7个不明飞行物。

元旦夜晚，英国广播公司在电视上播放了这次拍摄的影片，观众可以看到空中的许多不明物体，最近的一个，上部像个圆顶，四周有3圈明亮的橘红色环状物。影片虽然只有7分钟长，却引起了巨大轰动，因为这是有史以来的第一部不明飞行物电影。

看完影片，人们不禁会产生一个疑问：过去的飞碟，总是来无影，去无踪，这次明明知道（按飞碟乘员的能力不会不知道），人类在给他们拍电影，为什么不躲避，是有意地让地球人了解自己吗？

## 世界十大飞碟事件

### 埃及事件

在梵蒂冈埃及博物馆的收藏物中，人们发现了一张古老的埃及纸莎草纸。它记录了公元前1500年左右图特摩西斯三世和他的臣民目击UFO群出现的场面：

生命之宫的抄写员看见天上飞来一个火环……它无头，喷出恶臭。火环长一杆，宽一杆，无声无息。抄写员惊惶失措，俯伏在地……他们向法老报告此事。法老下令核查所有生命之宫纸莎草纸上的记载。数日之后天上出现更多此类物体，其光足以蔽日，火环强而有力。法老站于军中，与士兵静观奇景。晚餐之后，火环向南天升腾……法老焚香祷告，祈求平安，并下令将此事记录在生命之宫的史册上以传后世。

### 贝蒂·希尔事件

1961年9月19日，在新罕布尔什州安全部工作的贝蒂和在波士顿邮局民邮部任职的巴尼·希尔在位于新汉普郡的兰开斯顿和康科德之间的公路上，遇到UFO。UFO在离他们30米处也停住了，巴尼看到里面有5～11个似人的生物的身影，他们身穿黑色发亮、看似皮质的衣服，头戴黑色鸭舌帽，一举一动都非常整齐、古板。巴尼转身就跑，他把妻子推进车里，急速开车逃走。但他感到那东西就在汽车上方。突然，他们听到一种奇怪的嗡嗡声，接着两人就失去了知觉。他们经历了时间丢失，并且在之后的数月中，他们越来越受到这次事件的困扰。最后，在1964年，他们在波士顿著名神经病专家本杰明西蒙的指导下进行了催眠治疗。在催眠的过程中，他们都各自讲述了被绑架到一架UFO上，并接受实验的经历。医生认为，这些经历可能只是基于贝蒂的一个梦，而巴尼在倾听她描述的过程中，受到了潜移默化的影响。不过，贝蒂和巴尼在接受完治疗后，确信自己曾被绑架。

新闻记者约翰·富勒据此写成一本书，名为《中断了的旅行》，书中透露了许多细节。

令人惊奇的是，贝蒂在催眠状态下画出的一幅星图，当时无法验证，而数年后才被天文学家发现宇宙中的相似星图，使此事更加扑朔迷离。

2004年10月，已达85岁高龄的这名"UFO第一夫人"由于癌症而逝世。媒体称：被UFO绑架的第一夫人逝世。

### 法蒂玛事件

1917年5月13日中午，在葡萄牙的一座名叫法蒂玛的小村镇中，3位小牧童吕西、雅森特和弗朗索瓦（均在10岁以下）与一棵栎树上出现的一位漂亮无比的女人谈了话。这位夫人叫他们从现在起一直到10月13日为止，每月13日按同一时间到栎树边来，她有话要说。在此后的见面中，在场的一些目击者所见到的唯一现象就是每到那时，太阳都变得非常暗淡，但他们（除这些牧童外）并没有见到栎树上有人。

在5月13日那次目击后，吕西就告诉了人们说那位夫人告诉他10月13日要给大家"显灵"；而9月13日这位夫人又嘱咐吕西，让她告诉大家，下月她要做出点奇迹来让人们看看。

果然，10月13日那天，令人永难忘怀的壮丽情景出现了。这天下着雨，天阴沉沉的，总数不低于7万的人冒着大雨聚集到了法蒂玛村。中午时分，吕西告诉大家可以收起伞了，虽然天还下着大雨，但人们还是听了吕西的劝告收起了雨具。奇怪的事情发生了，当人们收起了雨具后，雨突然停了，太阳冲破了乌云露出头来。然而和前几次一样，太阳的光却十分暗淡。

此时，云层分开，露出一个辉煌的如珍珠般的旋转着的圆盘。它放射出彩色的光芒，并且以典型的"落叶运动"般地掉了下来。众人以为是太阳从天堂落下，就纷纷跪倒在地。然而，圆盘又升了起来，并消失在太阳里。此时，人们身上被雨淋湿的衣服和被雨水浸湿的土地竟然完全干了。

### 阿诺德事件

1947年6月24日，这是一个极其平常的日子。然而，由于发生了一桩极不寻常的事件，使得60多年以后，仍然有无数人记得历史上的这一天。

肯尼斯·阿诺德是美国爱达荷州、博伊西城一家灭火器材公司的老板。那天，他正驾驶着他的私人飞机穿越华盛顿州的喀斯喀特山脉。

当飞机临近海拔4 391米的雷尼尔峰时，空中的奇异闪光现象吸引了他的注意力。

当他把视线投向远方去追寻光源之前，他根本没有想到，他因此会成为一个在当时，甚至现在依然几乎是家喻户晓的风云人物。

他看到有9个圆形物体，以一种前所未有的跳跃方式在空中高速前进。阿诺德事后告诉记者："我发现类似鸢形的闪光物，它又像碟盘一类的器具。我用望远镜看到它以每小时1 931千米的速度疾飞而过，转眼消逝在白云悠悠的晴空中……"

接下来的事情令人惊讶，不仅在美国，几乎在世界上的每个角落，飞碟都以它们的翩鸿掠影引发狂潮。

而且，人们所看到的飞行物不再单纯是碟盘状的。它们有草帽形、圆锥形、雪茄形、蘑菇形、菱形、轮胎形、球形，甚至三角形、五星形等，在空中争奇斗艳。

### 罗斯韦尔事件

虽然事件发生已有60多年之久，但罗斯韦尔事件在UFO研究史中是占有极其重要的地位的。

1947年7月4日23时30分，雷阵雨笼罩在美国新墨西哥州罗斯韦尔地区的欧德乔甫雷斯牧场上。当地居民听到空气中传来一阵阵雷鸣般的爆炸声，随后看到一个蓝白色发光物体，在夜空中低飞，随即在远方坠落。

第二天一早，最早发现残骸的是德州理工大学考古队，他们无意中发现一架不明飞行物坠毁在牧场草地上。爆炸后碎片散布的面积大约有 1.2 千米长、600～900 米宽。地面上有一条长约 1 200～1 500 米的滑行坑洞痕迹。在坑洞南端发现最大的一块残骸，像纸一样薄，但却坚硬无比。现场附近有许多金属碎片，还有一些 H 形金属条，上面刻有文字。

令人惊讶的是，他们同时还发现 5 具不明生物尸体，体型瘦小，眼睛奇大；皮肤呈现暗灰色。军方立即把尸体放入密封袋，送往基地医院。事后军方持续在坠毁现场找寻每一块爆炸碎片，并逐家逐户查询居民是否看到飞碟坠落或捡到任何碎片，并告知不得对外发表任何消息。军方最后对外宣布，坠毁的只是一只气象观测气球。

### 曼特尔事件

1948 年 1 月 7 日，美国肯塔基州的高得曼空军基地得到报告，路易斯维依上空出现了 UFO。

下午 14 时 45 分，6 架 F-51 战斗机奉命升空观测。不久，其中 5 架飞机先后返航，只有曼特尔单人独机继续追踪。他向控制台报告说："UFO 为金属壳，外形庞大。"半小时后，控制台又接到报告："正接近一个巨大的金属物体。"随后联系中断。17 时以后，曼特尔和他的飞机残骸出现在富兰克林附近的一个农场上，他的手表停在 15 时 1 分 30 秒，机体上没有发现任何炮弹袭击的痕迹，也没有放射性物体的干扰。

事后，美国空军称，曼特尔追踪的实际上是金星，尔后又称是美国海军施放的"天钩"气球。当然，也有人认为，曼特尔和他的飞机是被 UFO 击落的。

神秘的发光体是 UFO 吗

## 索科洛事件

1964年4月24日下午17时45分，美国新墨西哥州索科洛镇南的85号公路上，州警萨莫拉遭遇一个蛋形飞行器以及两个穿白罩服的类人生命体——外星人。

美国《读者文摘》编辑出版的《瀛寰搜奇》一书中以《不明飞行物之谜——天外来客？幻觉？还是自然现象？》为题进行了介绍。

1964年4月24日，新墨西哥州索科洛镇传出"发现天外来客"的报道。州警萨莫拉正在追赶一辆超速汽车的时候，看到一个不明飞行物体，在离他约1 000米的地方降落。于是，他便赶过去看个究竟。

根据萨莫拉的报告，他在镇外发现一个光亮的椭圆形金属物体，大小如同倒转过来的汽车。在该物体的旁边站着两个几分像人的动物，身材与10岁儿童相若。他打电话向总局报告时，那两个怪物走回不明飞行物里，接着就起飞了。

事件的本身并无太大的悬念，引起UFO界关注的是：在蛋形飞行器的外表上，有一个特殊的标志，标志为一条横线上向上的箭头指向一个开口向下的弧。这就是被海尼克博士认为"在美国空军的发现中颇有价值的索科洛事件"。

## 卡特事件

我坚信有不明飞行物，因为我见过一个……它奇形怪状，当时约有20人见到……我从未见过这么骇人的东西。那是个庞然大物，很明亮，会变色，大概有月亮那么大。我们看了约10分钟……

说这些话的人是美国前总统卡特，这段文字刊登在1976年6月8日的《国民询问报》上。

当时他担任乔治亚州州长，曾签署过两份描述他看到UFO情景的正式报告。他是迄今第一位承认见过UFO的政治家。

当时是1969年1月6日19时15分，卡特离开一家俱乐部，和他在一起的有十几个人，突然一个和月亮一样明亮的不明飞行物出现在他眼前。他在递交给美国空中现象调查委员会的报告中说："1969年1月的一个晚上，我在乔治亚州东南的上空,看见一个发光的红蓝色圆形物体摇曳飞行。它10分钟后才消失。"

## 阿曼多事件

1977年4月25日,一名智利下士阿曼多·巴尔德斯在玻利维亚边境不远的普特勒山地附近被UFO劫持。

当时,阿曼多正率领7名士兵在边境线上巡逻,突然,在距离他们500米远的地方出现了一个发强光的不明飞行物。它向哨所附近的一盏灯飞去,停在不远的山坡上。士兵们立即监视这个发光体。阿曼多慢慢离开士兵,独自向发光体走去。忽然,他消失不见了。数分钟后,UFO也杳无踪影。

15分钟后,阿曼多又出人意料地出现在巡逻兵身旁。他大吼一声,接着昏厥在地。士兵们惊愕地看到,阿曼多的胡子变得很长,神情憔悴。数小时后他醒过来,大家询问他,他说不知道发生了什么事。他的手表比其他人的慢了15分钟,日期却走到了4月30日。

智利的这起UFO劫持案当时轰动世界,美国、英国、法国等国家的UFO研究专家纷至沓来,进行实地调查。阿曼多事件成了UFO研究史上的典型案例之一。

## 巴哥鲁事件

1982年6月1日凌晨2时左右,前苏联的巴哥鲁太空发射中心遭到两架UFO的袭击。

当时,这两架突如其来的UFO状如水母,发出橙黄色光芒。

一个在太空发射中心1号发射台的巨型塔台上空,先是旋转,接着撒下一阵"银雨",绕行一圈后飞去。另一个则攻击太空发射中心工作人员的宿舍。30秒后,两架UFO在空中会合,刹那间不知去向。

在受到UFO袭击的24小时内,巴哥鲁太空发射中心最先进的防卫系统被打了个措手不及,全部处于瘫痪状态。经过18天的紧急抢修后,太空发射中心才恢复正常运行。

## 知识点

### 梵蒂冈

梵蒂冈城国是世界上最小的主权国家，也是世界上人口最少的国家。位于意大利首都罗马城西北角的梵蒂冈高地上，是一个"国中国"。国土面积0.44平方千米，人口572人（2011年）。领土包括圣彼得广场、圣彼得大教堂、梵蒂冈宫和梵蒂冈博物馆等。国土大致呈三角形，除位于城东南的圣彼得广场外，国界以梵蒂冈古城墙为标志。梵蒂冈属亚热带地中海型气候。梵蒂冈城本身就是一件伟大的文化瑰宝，拥有许多世上重要的作品。虽然梵蒂冈在地理上是一个小国，但因天主教在全球庞大的信仰人口，使其在政治和文化等领域拥有着世界性的影响力。

## 延伸阅读

### 车顶飞行物

1989年初的一天，在澳大利亚，费叶·诺丽斯和她的3个儿子，从西南部城市珀思驾车前往墨尔本。

他们的车开出2 500千米的时候，一个巨大的蛋环形物体沿着一条僻静的公路上空追逐而来，这个飞行物发着蓝色的光，在他们的汽车顶前弹跳，就像吸水杯那样，紧贴在车顶上。

一家人又惊奇又害怕，为了躲开这个怪物的追踪，他们把车开到了附近的灌木丛中，一家人躲起来。过了15分钟，他们发现飞行物没有了，继续往前开。不料，中途又遭到了追逐。

据调查，有3条渔船上的人和一对在墨尔本休假的夫妇也看到了这个椭圆的淡蓝色的飞行物。

## 时空隧道存在吗

1994年初，一架意大利客机在非洲海岸上空飞行时，突然，客机从控制室的雷达屏幕上消失了。正当地面上的机场工作人员焦急万分之际，客机又在原来的空域出现，雷达又追踪到了客机的信号。

最后，这架客机安全降落在意大利境内的机场。客机上的机组人员和315名乘客都一致认为自飞机由马尼拉起飞后，一直都很平稳，没有任何意外发生，他们更加不可能知道自己曾经失踪过。但是，到达机场时，每个乘客的手表都慢了20分钟。

1970年也发生过类似的奇闻。当时，一架727喷气客机在飞往美国迈阿密国际机场的旅途中，也无故"失踪"了10分钟。10分钟以后，客机又在原来的地方出现并最终安全飞抵目的地。

科学家猜测，在失踪的一刹那，时间静止不动了，或者说出现了时光倒流。

难道真有时空隧道吗？

在意大利客机空中历险的同一年，考古学家惊奇地发现，一枚已经铸造好并准备在1997年进入市场流通的面值25美分银币，竟跑到4000年前的古埃及庙宇中，而这枚银币尚在美国金库中"留守"还未流通呢。科学家们百思不得其解。

此后，科学家从前苏联的一些机密文件发现，在1971年8月的一天，前苏联飞行员亚历山大·斯诺夫驾驶米格21型飞机在做例行飞行时，无意中闯入了古埃及。他在空中看到了在一望无际的荒漠中建造金字塔的场面。

1982年，一位欧洲飞行员在一次从北欧起飞的飞行训练中，他的视野里，竟然出现了数百只恐龙，飞机竟然来到了史前非洲大陆。另一位欧洲飞行员在飞行途中"误入"第二次世界大战时期的德国战场。他与盟军和德军战机的飞行员相互对视1分钟后，他又回到了现实。

1986年，一位美国飞行员驾驶SR71型高空侦察机飞越佛罗里达州中心城区时，突破"时空屏障"，来到了中世纪的欧洲上空。他的飞机掠过树梢，他

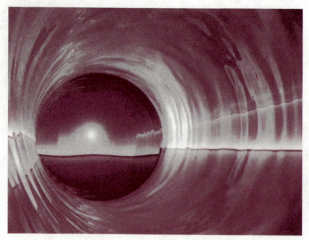

时空隧道设想图

可以感受到巨大的篝火发出的热浪，成堆的尸体令人触目惊心。专家们调查后指出：这位空军飞行员看到的是欧洲历史上发生著名的"黑死病"的情景。由鼠疫引发的瘟疫波及整个欧洲大陆，成千上万的人倒毙街头，是一场名副其实的灾难。

著名的"泰坦尼克"号游轮的遇难者再现更令人震惊：1912年4月15日，世界最大的豪华游轮"泰坦尼克"号在首航北美的途中，因触撞流动冰山而不幸沉没，造成了1 500多人死亡的大悲剧。80多年过去了，欧洲一个科学海洋考察船在冰岛西南387千米处，发现一座冰山上坐着一位60多岁的男子，他穿着20世纪初的船长制服，静静地吸着烟斗，双目眺望着大海。但谁会想到，他就是80年前沉没在大西洋中的"泰坦尼克"号船长史密斯。

史密斯船长被救上这艘科学考查船，立即被送往奥斯陆。在医院里，经著名的精神病心理学家奥兰特博士认真检查后，认为他生理和心理一切正常。

经英国海事机构的指纹和照片验证并查阅了航海记录，表明救起的这位老人确确实实是史密斯船长，他已经有140多岁了。史密斯船长一直认为"泰坦尼克"沉没是发生在昨天。

对于种种奇异现象，美国物理学家认为，在空间存在着许多一般人用眼睛看不到的、然而却客观存在的"时空隧道"，历史上神秘失踪的人、船、飞机等，实际上是进入了这个神秘的"时空隧道"。

也有的学者认为，"时空隧道"可能与宇宙中的"黑洞"有关。"黑洞"是人眼睛看不到的吸引力世界，然而却是客观存在的一种"时空隧道"。人一旦被吸入"黑洞"中，就什么知觉也没有了。当他回到光明世界时只能回想起被吸入以前的事，而对进入"黑洞"遨游无论多长时间，他都一概不知。

有些学者反对这种假设。认为这不能说明什么问题。"泰坦尼克"号游轮和乘客同时沉没、消失,乘客们进入"时空隧道",为什么游轮没有进入?如果游轮也同时进入,它应该和船长史密斯同时再出现。

美国科学家提出假说,认为"时空隧道"是客观存在,是物质性的,它看不见,摸不着,对于我们人类生活的物质世界,它既关闭,又不绝对关闭,只是偶尔开放。"时空隧道"和人类世界不是一个时间体系,进入另一套时间体系里,有可能回到遥远的过去,或进入未来。因为在"时空隧道"里,时间具有方向性和可逆性,它可以正转,也可倒转,还可以相对静止。对于地球上的物质世界,进入"时空隧道",意味着神秘失踪;而从"时空隧道"中出来,又意味着神秘再现。由于"时空隧道"里时光可以相对静止,故而失踪几十年就像一天或半天一样。

时空隧道到底存不存在呢?这有待科学家们的探索来解开这个谜。

## 知识点

### 泰坦尼克号

泰坦尼克号1909年3月31日始建于北爱尔兰的哈南德·沃尔夫造船厂。全部工程于1912年的3月31日完成。全长约269.06米,宽28.19米,吃水线到甲板的高度为18.4米,注册吨位46 328吨(净重21 831吨),排水量达到了规模空前的66 000吨!在当时,泰坦尼克号的奢华和精致是空前的。船上配有室内游泳池、健身房、土耳其浴室、图书馆、升降机和一个壁球室。

泰坦尼克号被认为是一个技术成就的卓越作品。人们更津津乐道的是其设计上无与伦比的安全性。当时的《造船专家》杂志认为其"根本不可能沉没"。有人说:"就是上帝亲自来,他也弄不沉这艘船。"然而1912年4月15日凌晨,在其处女航中沉没于大西洋。

## 延伸阅读

### 从"时空隧道"回来的飞机

1990年9月9日,在南美洲委内瑞拉的卡拉加机场的控制塔上,人们突然发现一架早已淘汰了的"道格拉斯"型客机飞临机场,而机场的雷达根本找不到这架飞机。

机场人员说:"这里是委内瑞拉,你们是从何处而来?"飞行员听罢惊叫道:"天啊!我们是泛美航空公司914号班机,由纽约飞往佛罗里达州的,怎么会飞到你们这里,误差2 000多千米?"接着他马上拿出飞行日记给机场人员看:该机是1955年7月2日起飞的,时隔了35年。机场人员吃惊地说:"这不可能,你们在编故事吧!"后经电传查证:914号班机确实在1955年7月2日从纽约起飞,飞往佛罗里达,突然途中失踪,一直找不到,机上的50多名乘客全部都赔偿了死亡保险金。这些人回到美国家里真令他们的家人大吃一惊。孩子们和亲人都老了,而他们仍和当年一样年轻。美国警方和科学家们专门检查了这些乘客的身份证和身体,认为这不是闹剧,而是事实。

## 神奇的彗星蛋

哈雷彗星在天文界很为驰名。因为它的76年周期是英国天文学家哈雷发现的,故起名为哈雷彗星。

哈雷彗星于1682年、1758年、1834年、1910年和1986年都出现过。这在天文资料上都有记载。彗星扫过天际之后,屡屡出现神奇的彗星蛋现象,更是让人云里雾里,不知所以。

1834年,哈雷彗星现身苍穹。在希腊科扎尼一个名叫齐西斯·卡拉齐斯的人家里,一只母鸡生下了一个"彗星蛋",这个鸡蛋表面的彗星图案令人惊奇不已。卡拉齐斯把它献给国家,从而得到了一笔不小的奖金。

其实，在茫茫苍穹中，人类已知的彗星不下900颗，而其中最大而又最光亮的一颗，就是哈雷彗星。世界上最早见到哈雷彗星的可靠记录是在公元前164年。1682年．哈雷彗星对地球进行周期性的"访问"时，在德国的马尔堡，有只母鸡生下一个异乎寻常的蛋——蛋壳上布满星辰花纹。1758年，英国霍伊克附近乡村的一只母鸡生下一个蛋壳上清晰地描有彗星图案的蛋。1910年5月17日，当哈雷彗星重新装饰天空时，法国人诧异地获悉，一名叫阿伊德·布莉亚尔的妇女养的母鸡也生下一个蛋壳上绘有彗星图案的怪蛋，图案犹如雕刻，任你怎么擦拭都不改变。这个消息让所有的人不再怀疑"彗星蛋"的真实性。

于是，好事者开始把目光定格在1986年，为了得到这一年的彗星蛋，前苏联科学家在国内联系了数以万计的农户。比较有趣的是，法国、美国、意大利、瑞典、波兰、匈牙利、西班牙等20多个国家也陆续加入了这个庞大的调查网络。结果，1986年，是意大利博尔戈的农户伊塔洛·托洛埃中彩，他家母鸡生下的彗星蛋让他一夜暴富。

为什么当天空出现哈雷彗星时，地球上就会出现描有哈雷彗星的鸡蛋呢？

正如美国一位科学家所说"彗星与鸡蛋之间存在着因果关系，这种联系有待人们去探索、研究"。前苏联生物学家亚历山大·涅夫斯基曾经认为："两者之间肯定具有某种因果关系。"他甚至大胆推测："这种现象也许与免疫系统的效应原则和生物的进化是相关的。"民间有一种说法认为：遥远天体的运行，会对地球生物产生相当微妙的作用。尤其是像日食、彗星、九星联珠等等略带神奇的天文现象发生之时，更会产生一些带有天文现象图案的"天文蛋"。

尽管对于一切都持怀疑态度的科学家明确表示一定"有因有果"，但直到现在，他们也还拿不

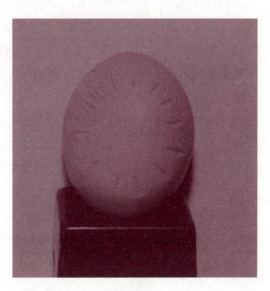

彗星蛋

出什么有力证据。因此，反对派也可以气焰嚣张地说："一个在太空中遨游，一个在大地上诞生，即便真的有联系恐怕也只是'微乎其微'"。

主要从事天体化学研究的中科院紫金山天文台博士徐伟彪曾经表示，类似的"天文蛋"没有科学道理，即使鸡蛋上的图案与天文现象再相似，也仅是一种偶然现象。网络上甚至有网友表示"每隔76年，也就是哈雷彗星来临的时代，那些鸡高兴异常。就像抽奖活动一样，中奖的鸡会下一枚特别的蛋，然后人们把这枚蛋哄抬成为了价值连城的稀世珍宝。这有什么稀奇？"

不管怎样，从古到今对于灾难和彗星相互联系的丰富记录虽然其中包含不少主观臆想，但也有相当一部分是古代人对自然的朴素认识和直观反映。在科学发达的当今社会，这些材料将有助于我们解决一系列科学难题。因此，它们也能够算是科学给我们留下的一份文化遗产。

## 知识点

### 哈　雷

哈雷（1656－1742），英国天文学家和数学家。曾任牛津大学几何学教授，并是第二任格林尼治天文台台长。1676年到南大西洋的圣赫勒纳岛测定南天恒星的方位，完成了载有341颗恒星精确位置的南天星表，记录到一次水星凌日。1684年，他到剑桥向牛顿请教行星运动的力学解释，在哈雷研究取得进展的鼓舞下，牛顿扩大了他对天体力学的研究。哈雷具有处理和计算大量数据的才能，1686年，他公布了世界上第一部载有海洋盛行风分布的气象图。1705年，哈雷出版了《彗星天文学论说》，书中阐述了1337—1698年出现的24颗彗星的运行轨道，他指出，出现在1531、1607和1682年的3颗彗星可能是同一颗彗星的3次回归，并预言它将于1758年重新出现，这个预言被证实了，这颗彗星也被命名为"哈雷彗星"。

延伸阅读

## "炮轰"彗星

万般皆谜的彗星引发了人们太多的猜想。让人欣喜的是，我们的诸多猜想可能在美国NASA的"深度撞击"中找到线索。科学家计划用一个近400千克重的撞击器轰击彗星坦普尔1号的彗核表面，释放出的能量相当于4吨多高能炸药。这次撞击会将彗核内部可能包含的太阳系原始物质暴露出来，科学家也可以从撞出的坑来判断彗核的特性。

NASA下属的喷气推进实验室介绍说，"深度撞击"要达成的科学目标包括：首次直接探测彗核内部的物质；了解彗核表面的构成、密度、强度及其多孔性；通过比较，研究彗核表面和其内部物质的关系；了解彗星演化的历史。根据撞击坑的形状和深度等，可以推断彗核物质是保持着"原始状态"，还是发生了变化。我们期待众多的猜想，都将在美国的一"撞"中见分晓。

## 麦田怪圈是外星人所为吗

麦田怪圈，是出现在巨大麦田上的符号和图案，因为大多以图形为主，故得此名。麦田怪圈是将麦秆或压倒或倾斜与直立的麦秆形成参差层次而出现的图案。这一行为，对麦田本身并没有损害，但是却能形成非常壮观的视觉效果。怪圈从空中看的时候，十分美丽。这些图案的来历一直被人们视为地球最大的谜团之一，有人认为它们是人为的恶作剧，可是当英国、法国等世界各个地方都出现这些神秘图案的时候，人们不再认为它们是来自如此多无聊者的恶作剧了。而且要精确地做出这些复杂图案并不是一般的人力所能完成的。因此，更多的人相信：它们是外星人的杰作！

最早的麦田怪圈是1647年在英格兰被发现的。当时人们也不知道这是怎么一回事，并在怪圈中做了一副雕刻。这副雕刻是当时人们对麦田怪圈成因的

"水母形"麦田怪圈

推测,当时的麦田怪圈是呈逆时针方向的。麦田怪圈常常在春天和夏天出现,几乎遍及全世界,无处不在。事实上,世界上只有我国和南非没有出现过麦田怪圈。

自从20世纪80年代初期以来,已经有2 000多个这种圆圈出现在世界各地的麦田里,使科学家大惑不解。起先这些圆圈几乎只在英国威德郡和汉普郡出现,但近年来,在英国许多地区以及加拿大、日本等十多个国家,也有人发现这种圆圈。

这种圆圈越来越大,也越来越复杂,渐渐演变成为几何图形,被英国某些天体物理学家称之为"外星人给地球人送来的象形字"。例如:1990年5月,英国汉普郡艾斯顿镇的一块麦田上出现了一个直径20米的圆圈,圈中的小麦形成顺时针方向的螺旋图案。在它的周围另有4个直径6米的"卫星"圆圈,但奇怪的是,圈中的螺旋形却是逆时针方向的。

1991年7月17日,英国一名直升机驾驶员飞越史温顿市附近的巴布里城堡下的麦田时,赫然发现麦田上有个等边三角形,三角形内有个双边大圈,另外每一个角上又各有一个小圈。

同年,威德郡洛克列治镇附近一片麦田出现了一个怪异的鱼形图案,接着,另有7个类似的图案在该区出现。

可是,最令世人感到震惊的,莫过于1990年7月12日在英国威德郡的一个名叫阿尔顿巴尼斯小村庄发现的麦田怪圈了。有1万多人参观了这个麦田怪圈,其中包括多名科学家。这个巨大图形长120米,由圆圈和爪状附属图形组成,几名天体物理学家参观后发表了自己的感想:这个怪圈绝对不是人为的,很可能是来自天外的信息。

见过UFO照片的科学家认为,小麦倒地的螺旋图案很像是由UFO滚过而形成的。

1991年6月4日，以迈克·卡利和大卫·摩根斯敦为首的6名科学家守候在英国威德郡迪韦塞斯镇附近的摩根山的山顶上的指挥站里，注视着一排电视屏幕，满怀期望地希望能记录到一个从未有人记录到的过程：麦田怪圈的形成经过。

　　他们这个探测队装备了总值达10万英镑的高科技夜间观察仪器、录像机以及定向传声器。他们那具装在21米长支臂上的"天杆式"电视摄影机，使他们有更广阔的视野。他们之所以选择侦察这个地区，是因为这一带早已成为其他研究麦田怪圈人员的研究对象，仅仅几个月内，这一带就频繁出现了十几个大小不一的麦田怪圈，这引起了研究人员的浓厚兴趣。

　　他们等待了20多天，屏幕上什么不寻常的东西都没有看到，到了6月29日清晨，一团浓雾降落在研究人员正在监视的那片麦田的正上方。他们虽然看不见雾里有什么，但却继续让摄影机开动。

　　到了早上6点钟，雾开始消散，麦田上赫然出现了两个奇异的圆圈。6位研究人员大为惊愕，立即跑下山来仔细观察，发现在两个圆圈里面的小麦完全被压平了，并且成为完全顺时针方向的旋涡形状。虽然弯了，但并没有被折断的麦秆，圆圈外的小麦则没有受到丝毫影响。

　　为了防止有人弄虚作假，探测队已在麦田的边缘藏了几具超敏感的动作探测器。任何东西一经过它们的红外线，都会触动警报器，但是那警报器整夜都没有响过。在麦田泥泞的地上，没有任何脚印或其他能显示曾有人进入麦田的迹象。录像带和录音带没有录到任何线索，那两个圆圈似乎来历不明。

　　帕特·德尔加多是一位气象学家和地质学家，他从1981年起就开始研究麦田怪圈。他相信这些圆圈是"某些目前科学所未能解释的地球能量"所制造的，就像是百慕大三角所屡屡发生的奇事一样。

　　他曾记录了许多在圆圈里发生的"不可思议事件"。他发现一些本来运作正常的照相机、收音机和其他电子设备在进了圆圈之后就突然失灵。他又曾经在几个圆圈里录到一种奇特的嗡嗡声，它们被他形象地称为"电子麻雀声"。

　　1989年夏季某天，德尔加多和6位朋友坐在英国温彻斯特市附近的一个镇的一个麦田怪圈的中央。"蓦地，我完全身不由己，被某种神秘的力量推着滑行了6米，出了圈外。"他认为这种力量很可能与地球的磁极有关。

　　自从20世纪80年代以来，英国《气象学杂志》编辑，退休物理学教授泰

匪夷所思的麦田怪圈

伦斯·米登已审察过1 000多个麦田怪圈,并就2 000多个怪圈编制了统计数字,希望能找到符合科学的解释。现在,他认为也许已找到了答案。

他相信,真正的麦田怪圈是由一团旋转和带电的空气造成的。这团空气称为"等离子体涡旋",是由一种轻微的大气扰动——例如吹过小山的风——形成的。"风急速地冲进小山另一边的静止空气,产生了螺旋状移动的气柱,"他解释说,"接着,空气和电被吸进这个旋转气流,形成一股小型旋风。这个涡旋一旦触及地面,就会把农作物压平,使麦田上出现螺旋状图案。"

为了支持自己的论点,米登已搜集了许多有关涡旋制造麦田怪圈的目击者的报告。例如:1990年5月17日,农场主加利·汤林生和妻子薇雯丽在英国萨里郡汉布顿镇一块麦田上沿着小径漫步。蓦地,一团雾从一座大约100米高的小山飘来,几秒钟后,他们感到有股强烈的旋风从侧面和上面推他们。后来,旋风似乎分成了两股,而雾则以"之"字形飘走了,留下了他们两人站在一个3米宽的麦田圆圈里面。

可是,米登的论点似乎只能解释那些简单的麦田怪圈,而那些复杂的麦田怪圈又该作何解释呢?旋风是绝对不会吹出钥匙形和心字形的。1991年8月13日英国剑桥郡一块偏僻的麦田出现了一个巨大的心形图案。还有一种论点认为麦田怪圈是心灵的产物,1991年8月的某天,一位工程师和他的有着第六感觉的妻子从牛津城出发沿着A34公路驱车回家时,他的妻子说:"我真希望我们能亲自发现一个麦田怪圈。"话刚出口,他们便在路旁附近田间发现了一个哑铃状的麦田圆圈。可是,至今还没有找到第二个例子。

可是从科学角度上讲,麦田怪圈现象至今尚未得到圆满的解释,与UFO一样这或许是科学家们面临的不得不攻克的一道难题吧!

## 知识点

### 第六感

第六感是标准名称"超感官知觉"（ESP）的俗称。是一种某些人认为存在的能力。此能力能透过正常感官之外的管道接收讯息，能预知将要发生的事情，与当事人之前的经验累积所得的推断无关。普通人的感官（五感）包括眼（视觉）、耳（听觉）、鼻（嗅觉）、舌（味觉）、肌肤（触觉）或是其他现今科学熟悉的感官。由于感官的定义很模糊，所以"超感官"的定义也很模糊。但通常认为"超感官"是指现今科学还不熟悉的讯息。这些能力与现代研究的神通有相应之处。

## 延伸阅读

### "外星婴儿"事件

墨西哥电视台报道了一起难以置信的事件：一个活生生的"外星婴儿"于2007年5月在一个农场中的动物陷阱被捕获。德国图片报网站8月24日刊登了题为《墨西哥之谜：外星婴儿被陷阱捕获》的文章。据环球时报引用这篇文章说，56岁的墨西哥著名主持人与UFO专家吉米在他的节目中第一次公开了这个生物的照片，他声称很确定，是真的！文章说，吉米偶然间获知了这件在墨西哥偏远地区发生的奇事。但是直到去年年底，农场主人才愿意将这个生物移交当地大学进行科学研究，并且进行DNA比较分析和CT研究。据称，当时农场的农民发现这个外星婴儿陷在陷阱中，并且发出喊叫。出于恐惧，他们首先试图将其溺死。他们这样尝试了三次才成功。